Trainingsmappe Vorstellungsgespräch

Christian Püttjer und **Uwe Schnierda** kennen die Wünsche und Hoffnungen, aber auch Sorgen und Nöte von Bewerberinnen und Bewerbern seit rund 20 Jahren. Ihre umfassenden Erfahrungen aus der Optimierung von Bewerbungsunterlagen, aus Einzelcoachings und aus Seminaren bringen sie in ihre praxisnahen Ratgeber ein, die exklusiv im Campus Verlag erscheinen. Die konkreten Tipps, die klare Sprache und die motivierende Unterstützung von Püttjer & Schnierda haben schon über einer Million Leserinnen und Lesern weitergeholfen.

PÜTTJER & SCHNIERDA

Trainingsmappe Vorstellungsgespräch

Die 200 entscheidenden Fragen
und die besten Antworten

Campus Verlag
Frankfurt / New York

Bibliografische Information der Deutschen Nationalbibliothek:
Die Deutsche Nationalbibliothek verzeichnet diese Publikation in der Deutschen Nationalbibliografie. Detaillierte bibliografische Daten sind im Internet unter http://dnb.d-nb.de abrufbar.
ISBN 978-3-593-39110-6

4., überarbeitete und erweiterte Auflage 2010

Umschlagfoto: Becker Lacour, Frankfurt/Main
Gestaltung: hauser lacour, Frankfurt/Main
Layout: Typografie & Herstellung, Julia Walch, Bad Soden
Druck und Bindung: Beltz Druckpartner, Hemsbach
Gedruckt auf Papier aus zertifizierten Rohstoffen (FSC/PEFC).
Printed in Germany

Besuchen Sie uns im Internet: www.campus.de

Inhalt

Einleitung: Nutzen Sie Ihre Chancen!

Wenn Sie zu einem Vorstellungsgespräch eingeladen werden, heißt das, dass Sie mit Ihren Bewerbungsunterlagen bereits überzeugen konnten. Nun müssen Sie sich auch im zweiten Schritt des Auswahlverfahrens erfolgreich präsentieren. Dazu ist eine gute Vorbereitung unerlässlich, denn die Anforderungen an den Auftritt im Vorstellungsgespräch sind seitens der Firmen in den letzten Jahren deutlich gestiegen. Es hat sich ein Trendwechsel vollzogen: Im Vorstellungsgespräch überzeugt nur derjenige, der neben einem souveränen persönlichen Auftritt auch von sich aus Einstellungsargumente liefern kann.

Überzeugen Sie mit Ihrem Profil

Dieser Praxisratgeber hilft Ihnen dabei, auf die verschiedenen Fragen im Vorstellungsgespräch gelungene, souveräne Antworten und somit passende Einstellungsargumente zu finden. Wir haben ihn aus unserer Beratungstätigkeit heraus als Trainingsmappe entwickelt, denn in unseren Coachings konnten wir immer wieder feststellen, dass Bewerber viel zu bieten haben, es ihnen aber schwerfällt, ihre beruflichen Erfahrungen und ihr Können im Gespräch zu vermitteln. Heute stehen die Bewerberinnen und Bewerber jedoch in der Pflicht, selbst ein auf die neue Stelle zugeschnittenes Profil herauszuarbeiten und es im Gespräch zu vermitteln. Wie dies in der Praxis geht, zeigt Ihnen dieser Ratgeber.

Der persönliche Auftritt

Mit der Einladung zum Vorstellungsgespräch sind Bewerber zwar schon einen entscheidenden Schritt weiter, aber noch lange nicht am Ziel ihrer Wünsche. Im Vorstellungsgespräch beginnt die Überzeugungsarbeit von neuem. Personalverantwortliche, künftige Fachvorgesetzte oder Geschäftsführer wollen im Gespräch erfahren, ob der Bewerber, der vor ihnen sitzt, als neuer Mitarbeiter ein Gewinn für die Firma wäre. Berufliche Stärken müssen plausibel dargestellt werden, und es muss deutlich werden, dass der oder die Neue in die Firma beziehungsweise in das Team passt.

Vom Verhör zum Dialog

Viel zu viele Bewerberinnen und Bewerber verlassen sich darauf, dass man ihnen schon die richtigen Antworten entlocken wird. Es ist aber immer problematisch, wenn ein Vorstellungsgespräch zu einem einseitigen Verhör wird: Die Entscheider auf der Firmenseite schätzen es gar nicht, wenn Bewerber passiv auftreten und man ihnen die Antworten förmlich aus der Nase ziehen muss. Gefragt sind dagegen aktive Bewerber, die von sich aus Beispiele für ihre beruflichen Erfahrungen und Erfolge liefern. Gerade bei der Darstellung von persönlichen Fähigkeiten wie Belastbarkeit, Selbstmotivation, Teamfähigkeit oder Kundenorientierung ist der Begründungsbedarf besonders hoch. Dieses Potenzial der Bewerber wird aber nur anhand geeigneter Beispiele greifbar. Hier bestätigt die Auswahlpraxis der Firmen immer wieder: Wer im Vorstellungsgespräch selbst Informationen liefert, schafft es, in einen Dialog einzutreten – und erhöht damit seine Chancen auf eine Einstellung wesentlich!

MEHR AUF DER CD IN „IHRE BEWERBUNG", KAPITEL 9

Bewerben mit der Püttjer & Schnierda-Profil-Methode®

Gesichtslose Bewerber, die wie austauschbar erscheinen, machen es sich und den Firmen unnötig schwer, zueinander zu finden. Machen Sie es besser: Sie werden sich im Bewerbungsverfahren mehr Aufmerksamkeit verschaffen, wenn Sie Ihr Profil aussagekräftig und glaubwürdig vermitteln können. Die Profil-Methode®, die wir dazu in unserer rund 20-jährigen Beratungspraxis entwickelt haben, hat schon vielen Bewerbern zu mehr Erfolg verholfen (www.karriereakademie.de). Drei Kernelemente kennzeichnen die Profil-Methode®: Punkten Sie mit passgenauen Antworten, vermitteln Sie Ihre Stärken und treten Sie glaubwürdig auf.

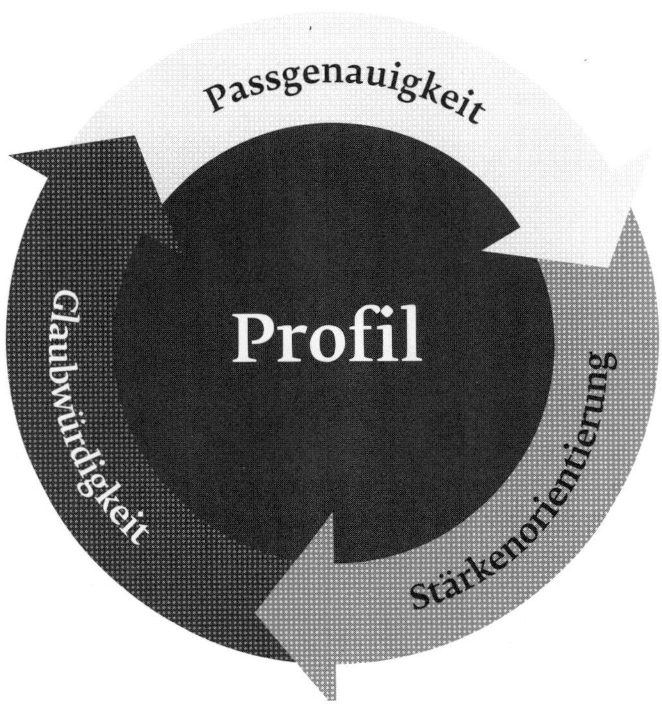

Passgenauigkeit

Je besser Sie im Vorstellungsgespräch auf die Anforderungen der Stelle eingehen, desto höher ist Ihre Erfolgsquote. Machen Sie sich den Blick der Personalverantwortlichen zu Eigen. Die Ausgangslage Ihrer Argumentation sollten immer die Anforderungen des Unternehmens und der zu vergebenden Stelle bilden. So werden Ihre Antworten passgenau.

Stärkenorientierung

Niemand lässt sich durch Krisen- und Problemschilderungen überzeugen – auch Firmen nicht! Verzichten Sie deshalb auf Abwertungen und Relativierungen und stellen Sie stattdessen lieber Ihre Vorzüge in den Mittelpunkt. So werden Ihre Stärken sichtbar.

Glaubwürdigkeit

Verbiegen Sie sich nicht im Bewerbungsverfahren, Ihre Persönlichkeit ist gefragt! Verstecken Sie sich nicht hinter Leerfloskeln und abstrakten Formulierungen, liefern Sie stattdessen nachvollziehbare Beispiele, die Ihre Antworten mit Leben füllen. So gewinnen Sie Glaubwürdigkeit.

Alle im Campus Verlag erschienenen Bücher von Püttjer & Schnierda basieren auf der Profil-Methode®. Profitieren auch Sie von unserem Wissen. Nutzen Sie diese Trainingsmappe dazu, sich Schritt für Schritt Ihr eigenes Profil klarzumachen und es anderen im Vorstellungsgespräch zu vermitteln.

Trainieren Sie mit uns!

Im Mittelpunkt dieser Trainingsmappe stehen Sie als Bewerberin oder Bewerber mit dem Ziel, in Vorstellungsgesprächen so zu überzeugen, dass Ihnen ein Arbeitsvertrag angeboten wird. Lassen Sie sich anhand zahlreicher Beispiele zeigen, wie sich ein individuelles berufliches Profil entwickeln und in Vorstellungsgesprächen glaubwürdig vermitteln lässt.

Praxis, Praxis, Praxis

Damit Sie im Vorstellungsgespräch keine bösen Überraschungen erleben und auf jede Hürde vorbereitet sind, haben wir in dieser Trainingsmappe 200 Beispielfragen für Sie zusammengestellt. Die dazugehörigen 400 Beispielantworten helfen Ihnen dabei, einen eigenen überzeugenden Stil zu entwickeln und Ihr Auftreten in Vorstellungsgesprächen nachhaltig zu verbessern. Denn dank der Gegenüberstellung von ungeeigneten und geeigneten Antworten werden Sie schon nach kurzer Zeit ein Gespür dafür bekommen, warum unvorbereitete Bewerber scheitern und auf welche Weise dagegen vorbereitete Bewerber die Entscheider auf der Firmenseite für sich einnehmen.

Ihre Mitarbeit ist wichtig

Auf keinen Fall ist es jedoch damit getan, die vorgestellten überzeugenden Antworten einfach kurz zu überfliegen oder womöglich Wort für Wort auswendig zu lernen. Ein individuelles berufliches Profil, das passgenau, stärkenorientiert und glaubwürdig ist, fällt schließlich nicht vom Himmel, sondern muss Schritt für Schritt erarbeitet werden. Sie werden mit Ihrer Vorbereitung auf ein Vorstellungsgespräch erst dann den gewünschten Erfolg haben, wenn Sie unsere Aufforderung, auf jede der vorgestellten Fragen eine eigene Antwort auszuarbeiten, genügend ernst nehmen. Formulieren Sie Ihre Antworten nicht bloß in Gedanken, sondern sprechen Sie sie laut aus und schreiben Sie sie auf! Die 200 Fragen sind im Übrigen für alle Bewerber geeignet, lediglich das Kapitel »Wie führen Sie Ihre Mitarbeiter?« richtet sich ausschließlich an Führungskräfte.

Unverzichtbare Hilfsmittel dabei sind Ihr Lebenslauf und die Stellenausschreibung, die Sie bei der Arbeit mit diesem Buch immer im Blick haben sollten. Je besser es Ihnen gelingt, die Schnittstellen zwischen dem Stellenprofil und Ihrem beruflichen Profil herauszuarbeiten, desto überzeugender werden Sie wirken. Wenn Sie einen zweiten oder dritten Durchgang mit diesem Ratgeber starten, ist es auch sehr hilfreich, Freunde, Bekannte oder Partner zu bitten, einmal in die Rolle des Personalverantwortlichen zu schlüpfen. Setzen Sie sich an einem Tisch gegenüber und lassen Sie sich die Fragen in ernsthaftem Ton stellen. Auch bohrendes Nachfragen ist durchaus einmal erlaubt, denn so gewöhnen Sie sich an die Atmosphäre im Ernstfall.

Warum sollen wir gerade Sie einstellen?

Bewerberinnen und Bewerber, die sich von uns persönlich vor Vorstellungsgesprächen haben trainieren lassen, bestätigen uns anschließend immer wieder, dass unsere gezielte Vorbereitung dabei geholfen hat, im eigentlichen Gespräch die besten Argumente parat zu haben und die überzeugendsten Beispiele zu nennen. Profitieren auch Sie von unserer langjährigen Erfahrung. Die Beantwortung der im gesamten Vorstellungsgespräch im Raum stehenden Frage »Warum sollten wir gerade Sie einstellen?« wird Ihnen dann keinerlei Schwierigkeiten mehr bereiten. Im Gegenteil, gut vorbereitete Bewerber können den Nutzen ihrer künftigen Mitarbeit für die Firma in ihren Antworten durchgängig herausstellen und machen sich auf diese Weise zum Wunschkandidaten.

MEHR AUF DER CD IN „IHRE BEWERBUNG“,
KAPITEL 17: INTERAKTIVES BEWERBUNGSTRAINING

Ihre Gesprächspartner auf der Firmenseite

Bevor Sie jetzt gleich mit Ihrem Trainingsprogramm starten, sollten Sie sich noch kurz vor Augen führen, wer Ihnen im Vorstellungsgespräch gegenübersitzen könnte. Machen Sie sich bewusst, dass Sie mit Ihren Antworten den Interessen aller Anwesenden gerecht werden müssen.

Wer sitzt Ihnen gegenüber?

Ihre Gesprächspartner auf der Firmenseite werden in erster Linie Personalverantwortliche, zukünftige Fachvorgesetzte oder Geschäftsführer beziehungsweise Firmeninhaber sein. Sie können aber auch auf Betriebsräte, Personalratsmitglieder oder Gleichstellungsbeauftrage treffen. Wichtig ist es, dass Sie alle Anwesenden gleichermaßen ernst nehmen. Es darf Ihnen nicht passieren, dass Sie sich ausschließlich auf den Wortführer konzentrieren und die restlichen Anwesenden kaum eines Blickes würdigen. Trainieren Sie also nicht nur auf Fragen zu antworten, sondern auch den Blickkontakt zu allen Gesprächspartnern zu suchen.

Haben Sie alle Interessen im Blick?

Wenn Sie unsere positiven Beispielantworten aufmerksam lesen und auswerten, werden Sie feststellen, dass die vorgestellten Strategien auf alle Fragenden gleichermaßen zugeschnitten sind – also auf Personalverantwortliche, Fachvorgesetzte und Geschäftsführer. Für Personalverantwortliche stehen dabei eher nichtfachliche Aspekte wie Teamfähigkeit, die Fähigkeit zur Selbstmotivation, Konfliktfähigkeit und Kommunikationsfähigkeit im Vordergrund. Künftige Fachvorgesetzte legen hingegen Wert darauf zu erfahren, ob Sie über die entsprechenden Fach- und Branchenkenntnisse sowie Sprach- und PC-Kenntnisse verfügen. Und Geschäftsführer sind besonders daran interessiert festzustellen, wie lange es dauert, bis die Firma von Ihrer Mitarbeit profitiert und ob Sie Arbeitsabläufe optimieren oder Kosten senken können. Orientieren Sie sich deshalb an den Beispielantworten, um im Vorstellungsgespräch allen Vorlieben und Interessen gerecht zu werden.

Strukturierte oder freie Gespräche?

Je nach Größe des Unternehmens und nach den Vorlieben der Entscheidungsbeteiligten müssen Sie mit einem eher strukturierten oder einem freien Gespräch rechnen. Strukturierte Einstellungsinterviews werden vor allem in großen Konzernen eingesetzt, um das Auftreten der Kandidaten besser miteinander vergleichen zu können. In kleinen Firmen ist die Personalauswahl nicht immer so professionell, aber auch hier hat man bestimmte Fragen, die unbedingt beantwortet werden müssen. Wenn es also auch Unterschiede im Ablauf gibt, so gilt gleichermaßen, dass Ihre Antworten nur dann überzeugen werden, wenn sie ausreichend Informationen, Argumente und Beispiele enthalten.

Was für Fragen werden Ihnen gestellt?

Jetzt möchten wir Ihnen noch einen Überblick geben, welche Arten von Fragen Sie im Vorstellungsgespräch erwarten. Sie sollten sich über die Hintergründe der gestellten Fragen klar werden. Aus diesem Grund zeigen wir Ihnen in diesem Kapitel, aus welchen Themenbereichen Ihnen Fragen gestellt werden.

Die wichtigen Fragenkomplexe im Überblick

Die folgende Übersicht zeigt Ihnen die verschiedenen Themenbereiche, die wir mit Ihnen in dieser Trainingsmappe durchgehen. Zusätzlich führen wir die einzelnen Kapitel an, in denen Fragen zu dem jeweiligen Block gestellt werden.

→ **Fragen zur beruflichen Qualifikation:**
Warum sollen wir gerade Sie einstellen?
Was können Sie für uns leisten?
Verfügen Sie über Kundenorientierung?
Wie gut sind Ihre Fremdsprachen- und PC-Kenntnisse?

→ **Fragen zum Unternehmen:**
Was wissen Sie über unsere Firma?

→ **Fragen zur persönlichen Qualifikation:**
Wie gehen Sie mit Veränderungen um?
Wie motivieren Sie sich für berufliche Aufgaben?
Ist Ihr Selbstbild realistisch?
Kennen Sie Ihr Konfliktverhalten?

→ **Stressfragen und Vorurteile:**
Wie entschärfen Sie Stressfragen und unzulässige Fragen?
Können Sie Vorurteile entkräften?

→ **Fragen zur Führungserfahrung:**
Wie führen Sie Ihre Mitarbeiter?

→ **Fragen zur Gehaltsvorstellung:**
Welche Gehaltsvorstellungen haben Sie?

→ **Fragen im zweiten Vorstellungsgespräch:**
Was erwartet Sie im zweiten Vorstellungsgespräch?

→ **Eigene Fragen:**
Welche Fragen stellen Sie?

Sie können die Kapitel der Reihe nach durcharbeiten oder auch von Kapitel zu Kapitel springen. Die Struktur ist immer die gleiche: Auf der rechten Seite finden Sie Fragen und Platz für Ihre eigenen Antworten, auf der folgenden Seite dann jeweils gelungene und ungünstige Beispielantworten.

Warum sollen wir gerade Sie einstellen?

Fragen aus dem Themenblock »Warum sollen wir gerade Sie einstellen?« stehen im Mittelpunkt jedes Vorstellungsgespräches. Aus Sicht der Firma haben Bewerber hier eine Bringschuld: Sie müssen selbst begründen können, warum sie glauben, mit den Anforderungen der neuen Stelle zurechtzukommen.

Hintergrund

Um ein Vorstellungsgespräch überhaupt in Gang zu bringen, wird der Bewerber in der Regel aufgefordert, sein berufliches Können und seinen Werdegang mit eigenen Worten zu erläutern. Die Firmenseite erwartet vor allem Informationen über die momentanen Aufgaben des Bewerbers und über besondere berufliche Erfolge. Im weiteren Verlauf des Vorstellungsgespräches wird dann mit Anschlussfragen überprüft, wie schlüssig die vorherigen Angaben des Bewerbers waren.

Typische Fehler

Unvorbereitete Bewerber kommen nicht auf den Punkt und verlieren sich in Detailinformationen über weit zurückliegende berufliche Stationen oder die Ausbildung beziehungsweise das Studium. Oftmals wird auch eine reine Nacherzählung des Lebenslaufes geliefert – dabei fallen zentrale Aufgaben aus der momentanen Stelle dann unter den Tisch. Es passiert auch, dass Allgemeinplätze mitgeteilt werden, ohne dass ein individuelles Profil des Kandidaten deutlich wird. Viele Bewerber begehen auch den Fehler, in ihrer Antwort keinerlei Bezug auf die Anforderungen der neuen Stelle zu nehmen.

Negativbeispiel

Ein unvorbereiteter Bewerber wird die Frage »Wie ist Ihre bisherige berufliche Entwicklung verlaufen?« häufig so beantworten: »Nach der Schule war mir nicht so richtig klar, wie es weitergehen soll. Zum Glück haben meine Eltern auf mich eingewirkt, sodass ich eine Lehre begonnen habe. Damals hat mich der Ausbildungsmeister wirklich beeindruckt. Der hatte einen tollen Draht zu uns Auszubildenden. Die Aufgaben in der Ausbildung waren allerdings nicht immer so besonders spannend. Ich erinnere mich noch, wie wir stundenlang Metallobjekte schleifen mussten, bis dann endlich ein älterer Azubi auf die Idee kam, die Objekte einfach an der Drehbank zu bearbeiten. Tja ... manches, was man in der Ausbildung tun muss, ist doch etwas unsinnig. Nun gut, ich habe aber meinen Abschluss geschafft. Die Firma konnte mich nicht übernehmen, hat mich aber noch eine Zeit lang weiterbeschäftigt. Dann habe ich mir eine andere Stelle gesucht. Leider werden jetzt verschiedene Produktionslinien ins Ausland verlagert. Ich weiß nicht, ob es für mich noch eine Weiterbeschäftigung gibt, deswegen bin ich heute hier.«

Kommentar zum Negativbeispiel

Hier hat ein Bewerber übersehen, dass der Personalverantwortliche vorrangig an seinem beruflichen Profil interessiert ist. Er möchte aus der Antwort heraushören können, was der Bewerber kann und ob er mit den neuen Aufgaben zurechtkommen wird. Natürlich spielt auch der Werdegang eine Rolle, allerdings nicht in dieser Breite. Es gilt, unwesentliche von wesentlichen Informationen zu trennen. Der Bewerber hätte zudem auf konkrete Tätigkeiten innerhalb der einzelnen Beschäftigungsverhältnisse eingehen müssen. So allerdings liefert er nur Anekdoten und Allgemeinplätze mit wenig Aussagekraft.

Antwort-Strategie

Liefern Sie eine kurze Selbstpräsentation Ihres beruflichen Werdegangs, die Sie bereits zu Hause ausarbeiten und verinnerlichen sollten. Wenn Sie bereits längere Zeit im Berufsleben sind, sollten Sie sich dabei nicht in Details aus der weit zurückliegenden Ausbildung oder dem Studium verlieren. Konzentrieren Sie sich stattdessen darauf, möglichst viele Schnittpunkte zwischen Ihrer momentanen Position und der neuen Stelle herauszuarbeiten. Werden Sie konkret, indem Sie die Erfahrungen, Branchenkenntnisse und Erfolge betonen, die für die neue Stelle wichtig sind. Schließlich zeichnet sich der ideale Mitarbeiter dadurch aus, dass er ohne größere Reibungsverluste im neuen Job voll durchstarten kann.

Positivbeispiel

Eine bessere Antwort auf die Frage »Wie ist Ihre bisherige berufliche Entwicklung verlaufen?« könnte folgendermaßen lauten: »Ich habe mich nach der Schule für eine Ausbildung zum Industriemechaniker entschieden. Schon damals konnte ich Montageteams bei Einsätzen begleiten. Auch die SPS-Programmierung konnte ich mir in meinem Lehrbetrieb aneignen. Nach einer Weiterbeschäftigung im Lehrbetrieb habe ich dann in die Werkzeugmaschinenbranche gewechselt. Zurzeit bin ich für die Inbetriebnahme von Anlagen zuständig. Die enge Zusammenarbeit mit dem Kunden und die Entwicklung spezifischer Lösungen ist ein wichtiger Teil meiner Arbeit. Auch die Dokumentation und die Schulung von Mitarbeitern, die in der Stellenanzeige angesprochen wurden, fallen bereits jetzt in meinen Aufgabenbereich.«

Kommentar zum Positivbeispiel

Der Bewerber stellt in dieser gelungenen Selbstpräsentation sehr gut Überschneidungen bisheriger Tätigkeiten mit den Aufgaben in der neuen Stelle heraus. Er weist auf seine konkreten Erfahrungen in der Inbetriebnahme hin. Es fallen die wichtigen Schlagworte Dokumentation und Schulung von Mitarbeitern, und auch seine Branchenerfahrung macht der Bewerber deutlich. Eine gute Antwort, die den Personalverantwortlichen verdeutlicht, dass der Bewerber weiß, was auf ihn zukommt, und dass er die richtigen Kenntnisse und Erfahrungen mitbringt.

MEHR AUF DER CD IN „IHRE BEWERBUNG“, KAPITEL 13

Begründung der Einstellung
Fragen

1. Warum haben Sie sich gerade bei uns beworben?

Ihre Antwort: ....

....

....

....

....

....

....

2. Können Sie Ihren Werdegang in einigen Sätzen zusammenfassen?

Ihre Antwort: ....

....

....

....

....

....

....

3. Würden Sie Ihre berufliche Entwicklung bitte kurz skizzieren?

Ihre Antwort: ....

....

....

....

....

....

....

4. Warum sind Sie heute hier?

Ihre Antwort: ....

....

....

....

....

....

....

Begründung der Einstellung Antworten

Ungünstige Antwort auf Frage 1

Ich habe Ihre Stellenanzeige gelesen und bin sehr interessiert an der ausgeschriebenen Position.

Gelungene Antwort auf Frage 1

In Ihrer Stellenausschreibung habe ich mich wiedererkannt. Auch zu meinen momentanen Aufgaben gehören die Kostenkalkulation und Angebotseinholung. Die Lieferantenauswahl habe ich während eines Projektes zur besseren Zuliefererintegration mit begleitet. In den Bereichen Rechnungsüberwachung, Terminabstimmung und Datenpflege im System verfüge ich über langjährige Berufserfahrung. Sehr interessiert hat mich an der Ausschreibung, dass eine enge Zusammenarbeit mit dem Produktmanagement und dem Außendienst geplant ist.

Ungünstige Antwort auf Frage 2

Ja, ich bin nach meinem Hauptschulabschluss unzufrieden gewesen mit der Situation, daher habe ich meinen Realschulabschluss nachgeholt. Dann habe ich eine Ausbildung zum Elektrotechniker gemacht. Nach der Lehre bin ich nicht übernommen worden. Ich konnte im Service bei einer anderen Firma weiterarbeiten. Jetzt betreue ich Serviceaufgaben und muss dazu auch einiges an Reisetätigkeit auf mich nehmen. Zu meinen Hobbys gehören Bowling, Angeln und meine Frau.

Gelungene Antwort auf Frage 2

Nach einem Realschulabschluss habe ich mich für eine Ausbildung zum Elektrotechniker entschieden. Schon während der Ausbildung habe ich selbstständig Serviceaufträge übernommen. Ich habe gemerkt, dass mir die Fehlersuche und Problemanalyse beim Kunden gut von der Hand gehen. Deswegen habe ich nach meiner Ausbildung auch eine Tätigkeit im Service mit komplexeren Aufgaben gesucht. Bei meinem jetzigen Arbeitgeber bin ich neben der SPS-Programmierung für Maschinen auch mit der Erarbeitung von Dokumentationen und Handbüchern beauftragt. Darüber hinaus gehört die Inbetriebnahme beim Kunden zu meinen Aufgaben. Da es mir gut gelingt, einen Draht zu den Bedienungsmannschaften beim Kunden aufzubauen, habe ich in letzter Zeit auch die Einweisung beim Kunden vor Ort übernommen. Seit zwei Jahren nehme ich neben nationalen auch internationale Serviceeinsätze wahr. Das dafür notwendige Englisch habe ich mir mit Unterstützung meines Arbeitgebers in Abendkursen beigebracht. Diese internationalen Einsätze würde ich auch gerne bei Ihnen fortführen.

Ungünstige Antwort auf Frage 3

Nach der Schule wusste ich noch nicht genau, was ich machen wollte. Deshalb war ich erst einmal ein Jahr als Au-pair im Ausland. Dann bin ich als Verkäuferin tätig geworden und habe nach und nach immer mehr Aufgaben bekommen. Jetzt bin ich stellvertretende Filialleiterin.

Gelungene Antwort auf Frage 3

Während meines Au-pair-Aufenthaltes in den USA hat mich die Art der Amerikaner im Verkauf sehr beeindruckt. In Deutschland habe ich dann eine Ausbildung zur Einzelhandelskauffrau gemacht. Den Kundenservice habe ich dabei immer besonders im Auge gehabt, z. B. habe ich das Lager umstrukturiert. Daraufhin hat mich meine Firma zur stellvertretenden Filialleiterin befördert. Jetzt bin ich für die Sortimentsauswahl, die Einarbeitung neuer Mitarbeiter und Sonderverkäufe zuständig.

Ungünstige Antwort auf Frage 4

Nun ja, Sie haben mich zu einem Gespräch eingeladen, und diese Chance wollte ich nicht verpassen.

Gelungene Antwort auf Frage 4

Weil ich Berufserfahrung als Disponent habe. Neben den gängigen Aufgaben wie der zentralen Disposition und der Koordination der Transportabläufe habe ich auch schon die Logistikkosten durch lagerfreie Lieferketten reduziert. Ich würde bei Ihnen gerne diese Fähigkeiten einsetzen.

Begründung der Einstellung
Fragen

5. Was unterscheidet Sie von anderen Bewerbern?

Ihre Antwort: ....

....

....

....

....

....

....

6. Gibt es einen roten Faden in Ihrem Lebenslauf?

Ihre Antwort: ....

....

....

....

....

....

....

7. Wie vermeiden Sie beim jetzt anstehenden Stellenwechsel eine Fehlentscheidung?

Ihre Antwort: ....

....

....

....

....

....

....

8. Warum interessieren Sie sich für die ausgeschriebene Stelle?

Ihre Antwort: ....

....

....

....

....

....

....

Begründung der Einstellung Antworten

Ungünstige Antwort auf Frage 5

Das ist jetzt schwer zu sagen. Ich bin mir natürlich sehr bewusst, dass ich nicht der Einzige bin, der sich bei Ihnen bewirbt. Momentan ist es schon schwer, etwas Neues zu finden. Aber wenn Sie sich für mich entscheiden, werde ich Sie bestimmt nicht enttäuschen.

Gelungene Antwort auf Frage 5

Ich kann nur für mich sprechen. Besonders herausstreichen möchte ich, dass ich sehr viel Erfahrung an der Schnittstelle von Innen- und Außendienst sowie von Sales und Marketing habe. Ich kenne mich in der Auswertung von Marktforschungsdaten, in der Ausarbeitung von Marketingkonzepten, der Außendienstunterstützung und natürlich auch in der Angebotskalkulation und der Kundenberatung gut aus. Die Präsentation von Kenndaten aus dem Vertrieb vor der Geschäftsleitung ist mir ebenfalls vertraut.

Ungünstige Antwort auf Frage 6

Leider nicht. Irgendwie kam immer alles anders. Erst habe ich im Personalwesen gearbeitet, dann im PR-Bereich. Nach einer freiberuflichen Tätigkeit als Dozentin bin ich jetzt wieder auf der Suche nach einer festen Stelle. Ich glaube aber, dass es für mich spricht, dass ich jetzt vielfältige Erfahrungen besitze und nie aufgegeben habe.

Gelungene Antwort auf Frage 6

Der rote Faden ist die Mitarbeiterbetreuung. Ich habe als Personalassistentin vorwiegend den Mitarbeitereinsatz geplant und Personalakten geführt. Im PR-Bereich war ich für die interne Kommunikation zuständig, ich habe Newsletter für die Mitarbeiter verfasst und so die Unternehmensziele für die Beschäftigten transparent gemacht. Danach habe ich Schulungsaufgaben übernommen und an Personalentwicklungskonzepten mitgewirkt. Diese Erfahrungen möchte ich jetzt in der Tätigkeit als Personalreferentin gebündelt einsetzen.

Ungünstige Antwort auf Frage 7

Ein gewisses Risiko ist im Leben immer vorhanden. Man kann halt nicht von vornherein sagen, ob es am neuen Arbeitsplatz klappt oder nicht.

Gelungene Antwort auf Frage 7

Ich habe mich über Ihre Firma gründlich informiert und verfüge ja auch schon über einige Jahre Branchenerfahrung. Die zukünftigen Aufgaben werde ich also gut in den Griff bekommen. Zu Kollegen und Vorgesetzten habe ich auch bisher immer ein gutes Verhältnis aufbauen können. Daher bin ich mir sicher, dass ich wie bisher auch in der neuen Stelle erfolgreich arbeiten werde.

Ungünstige Antwort auf Frage 8

Ich hoffe, dass mich spannende und interessante Aufgaben erwarten. Es ist doch wichtig, auch mal etwas anderes zu machen, sonst geht man in der Routine völlig unter. Und die Stimmung in der Abteilung wird sicherlich auch besser sein als bei meinem jetzigen Arbeitgeber.

Gelungene Antwort auf Frage 8

Weil die Stelle gut zu meinen beruflichen Erfahrungen passt. Ich bin gerne im Außendienst tätig. In den von mir als Pharmareferentin betreuten Gebieten habe ich stets überdurchschnittlichen Umsatz generiert. Ihre neue Produktlinie hat für mich ein sehr interessantes Marktpotenzial. Ich würde gerne Ärzte, Apotheker und Meinungsbildner von den innovativen Vorzügen Ihres neuen Präparates überzeugen.

Begründung der Einstellung
Fragen

9. Was reizt Sie an der neuen Position?

Ihre Antwort: ....

10. Wo sehen Sie den Kern Ihres Profils?

Ihre Antwort: ....

11. Welche Qualifikationen bringen Sie mit?

Ihre Antwort: ....

12. Wie haben Sie sich in Ihrer letzten Stelle fachlich weiterentwickelt?

Ihre Antwort: ....

Begründung der Einstellung Antworten

Ungünstige Antwort auf Frage 9

Von mir aus hätte ich auch weiter bei meiner alten Firma arbeiten könne, aber die Insolvenz hat meine Pläne durchkreuzt. Jetzt möchte ich halt bei Ihnen weitermachen.

Gelungene Antwort auf Frage 9

Ich möchte gerne auch weiterhin in den mir übertragenen Bereichen für Datensicherheit und effektive Arbeitsabläufe sorgen. Neben meinen Aufgaben in der Systemadministration habe ich stets auch viel Support für die Mitarbeiter zur Verfügung gestellt. Je einfacher die Bedienung von EDV-Systemen gestaltet wird, desto besser können sich die Mitarbeiter auf ihre eigentliche Arbeit konzentrieren. Besonders reizt mich der Aufbau eines Management-Informations-Systems, das die Prozesse im Unternehmen transparenter als bisher machen wird.

Ungünstige Antwort auf Frage 10

Ich bin sehr leistungsfähig, kontaktfreudig und aufgeschlossen. Das ist das Wichtigste, aber auch fachlich bringe ich einiges mit.

Gelungene Antwort auf Frage 10

Der Kern meiner Aufgaben liegt in der Finanzbuchhaltung, der Lohn-und-Gehalts-Abrechnung, der Vorbereitung von Jahresabschlüssen, dem Bearbeiten von Steuererklärungen und der Prüfung von Steuerbescheiden. Ich kann mich auch bei hohem Arbeitsanfall gut auf meine Aufgaben konzentrieren. Der Umgang mit Mandanten fällt mir leicht. Da ich mich im Steuerrecht ständig weiterbilde, kann ich immer wieder gute Tipps und kompetente Auskünfte geben.

Ungünstige Antwort auf Frage 11

Zum einen meinen Abschluss als Diplom-Kaufmann, dann natürlich Führungserfahrung und nicht zuletzt umfassende Praxiserfahrungen.

Gelungene Antwort auf Frage 11

Ich bringe umfassende Qualifikationen im Bereich Produktmanagement und in der Betreuung von Produktlinien mit. Ich konzipiere länderspezifische Produkt- und Marketingstrategien für internationale Märkte. Die Produkt- und Preispositionierung am Markt gehört ebenso dazu wie die Ausgestaltung der Distributionskanäle. Diese Qualifikationen habe ich mir in langjähriger Praxiserfahrung angeeignet. Als Diplom-Kaufmann waren mir die Durchführung von Markt- und Wettbewerbsanalysen und die Konzeption und Realisierung von Vertriebsstrategien schon aus dem Studium bekannt. In der Praxis konnte ich dann erfolgreich damit arbeiten.

Ungünstige Antwort auf Frage 12

Wir haben Schulungen in PC-Programmen durchlaufen und ein Teambuilding-Seminar gemacht.

Gelungene Antwort auf Frage 12

Da ich über meine Aufgaben im Sekretariat hinaus auch als Projektassistentin gearbeitet habe, habe ich mich ständig weitergebildet. Ich habe mich vertieft mit Excel beschäftigt, um Zahlen aufzubereiten. Für die Projektpräsentationen habe ich mich in PowerPoint eingearbeitet. In einem Teambuilding-Seminar, das ich gemacht habe, konnte ich die bessere Abstimmung mit anderen lernen. Privat habe ich mich zudem noch mit Zeitmanagement beschäftigt.

Was können Sie für uns leisten?

Mit Fragen aus diesem Themenkomplex überprüfen und hinterfragen die Personalverantwortlichen die Arbeitserfolge der Bewerberinnen und Bewerber. Nicht das »Wollen« wie bei der Arbeitsmotivation (siehe Kapitel »Wie motivieren Sie sich für berufliche Aufgaben?«), sondern das »Können« steht bei den Fragen zur Überprüfung der Leistungsfähigkeit im Vordergrund.

Hintergrund

Arbeitswillige Kandidaten gibt es viele. Aus Sicht der Firmen ist es aber mindestens genauso wichtig, was bei den Anstrengungen und Bemühungen unter dem Strich herauskommt: Das Unternehmen möchte natürlich, dass der Kandidat möglichst bald gewinnbringend arbeitet. Da der Wettbewerb hart ist und die Kosten nicht aus dem Ruder laufen dürfen, sind vor allem erfolgsgewohnte Bewerber mit Kostenbewusstsein gefragt.

Typische Fehler

Viele Bewerber haben Schwierigkeiten damit, sich mit beruflichen Erfolgen zu schmücken. Sie sind es nicht gewohnt, aus dem Dunstkreis ihres Teams herauszutreten und Beispiele dafür zu liefern, was sie persönlich dafür getan haben, um Kosten zu senken, Umsätze zu steigern, Verbesserungen einzuführen oder Qualitätsmängel zu beseitigen. Wenn aber im Vorstellungsgespräch nicht deutlich wird, welchen Anteil der Bewerber an bisherigen Abteilungs- oder Unternehmenserfolgen hatte, wird er als passiver Mitläufer abgestempelt und aussortiert.

Negativbeispiel

Um die Leistungsfähigkeit zu überprüfen, könnte seitens der Personalverantwortlichen diese Frage eingesetzt werden: »Was konnten Sie bisher in Ihren Aufgabenfeldern erreichen?« Dann darf die Antwort allerdings nicht so lauten: »Ich glaube, dass ich meine Arbeit bisher durchaus im Griff hatte. Es gab eigentlich selten Störungen oder Probleme. Wenn Probleme auftraten, haben wir sie immer im Team lösen können. Unsere Abteilung hat stets gute Ergebnisse liefern können, und ich bin froh, dass ich dazu meinen bescheidenen Beitrag leisten konnte.«

Kommentar zum Negativbeispiel

Hier spricht ein Bewerber, der sich unter Wert verkauft. Es ist zwar ehrbar, dass der Kandidat nicht übermäßig auftrumpfen will – leider liefert er aber nicht ein einziges Beispiel für seine erfolgreiche Arbeit. Im Gegenteil, er versteckt sich hinter der Abteilungsleistung. Eine ungeschickte Taktik, denn Personalverantwortliche könnten daraus folgern, dass der Bewerber häufiger Probleme verursacht, die sein Team dann für ihn lösen muss. Wahrscheinlich werden Personalverantwortliche auch den letzten Satz wörtlich nehmen: Sie werden vermuten, dass der Bewerber tatsächlich nur bescheidene Beiträge zum Abteilungserfolg beisteuern kann.

Antwort-Strategie

Sie sollten zwar nicht als Supermann beziehungsweise Superfrau auftreten, ohne die jede Firma über kurz oder lang untergehen würde – Sie sollten sich aber daran gewöhnen, ausgewählte beruflichen Erfolge stichwortartig zu beschreiben. Überlegen Sie sich – immer mit Blick auf die Anforderungen der neuen Stelle – Beispiele aus Ihrem Tagesgeschäft. Besonders gut geeignet sind auch Erfolge aus abteilungsübergreifender Projektarbeit. Wenn es Ihnen schwerfällt, Ihre beruflichen Erfolge konkret zu benennen, können Sie auch »abgeschwächte« Formulierungen wie »Ich habe daran mitgearbeitet, dass ...«, »Ich war mitverantwortlich, dass ...« oder »Ich habe mit meinen Kollegen dafür gesorgt, dass ...« verwenden.

Positivbeispiel

Um das eigene Können zu verdeutlichen, sollte die gerade schon genannte Frage »Was konnten Sie bisher in Ihren Aufgabenfeldern erreichen?« besser so beantwortet werden: »Ich habe es geschafft, die von mir betreuten Produktentwicklungen erfolgreich auf nationalen und internationalen Märkten einzuführen. Dafür habe ich in enger Abstimmung mit der Entwicklung, der Produktion und dem Service länderspezifische Marketingstrategien festgelegt. Auf der Basis von Markt- und Wettbewerberanalysen habe ich die Produkt- und Preispositionierung vorgenommen. An der Konzeption und der Umsetzung von geeigneten Vertriebsstrategien war ich ebenfalls beteiligt.«

Kommentar zum Positivbeispiel

Diesmal tappt der Bewerber nicht in die Team-Falle. Weder relativiert er seine Leistungen, noch gibt er sich zu großspurig. Stattdessen beschreibt er nüchtern, aber aussagekräftig, welche Aufgaben ihm übertragen wurden und welche Erfolge er erzielen konnte. Es wird deutlich, dass er als Produktmanager erfolgreich tätig war und das notwendige Handwerkszeug beherrscht. Dass er sich bei seiner Arbeit eng mit Kollegen aus anderen Bereichen abstimmt, lässt er nicht unter den Tisch fallen, stellt dabei aber seinen eigenen Leistungsanteil klar heraus.

MEHR AUF DER CD IN „IHRE BEWERBUNG“, KAPITEL 10

Leistungsfähigkeit
Fragen

13. Wo liegen Ihre Stärken?

Ihre Antwort: ...

14. Was können Sie tun, damit unsere Firma weiter nach vorne kommt?

Ihre Antwort: ...

15. Welche Belege für erfolgreiche Arbeit können Sie liefern?

Ihre Antwort: ...

16. Was sind zurzeit Ihre Hauptaufgaben?

Ihre Antwort: ...

Leistungsfähigkeit
Antworten

Ungünstige Antwort auf Frage 13

Ich bin motiviert, flexibel und teamfähig.

Gelungene Antwort auf Frage 13

Ich kann auch unter großer Belastung gute Arbeit abliefern, so habe ich während der Umstellung der Firmen-EDV das Tagesgeschäft weiter bewältigt. Die Kunden haben gar nicht gemerkt, dass wir in der Firma große Umstrukturierungsaufgaben vor uns hatten. Eine weitere meiner Stärken ist, dass ich mich in unterschiedlichen Arbeitsfeldern auskenne. Neben der Innendiensttätigkeit im Vertrieb habe ich immer wieder bereichsübergreifende Sonderaufgaben wie beispielsweise Produktoptimierungen übernommen.

Ungünstige Antwort auf Frage 14

Ich kann mit anpacken und gute Arbeit abliefern.

Gelungene Antwort auf Frage 14

Ich möchte gerne meine Erfahrungen in der abteilungsübergreifenden Abstimmung für Sie einsetzen. Durch Absprachen mit Kollegen habe ich es in meiner Firma geschafft, Bearbeitungszeiten zu reduzieren. Auch mein guter Blick für die Bedürfnisse des Marktes wird für Sie sicher von Nutzen sein.

Ungünstige Antwort auf Frage 15

Das kommt darauf an, was man darunter versteht. Bei mir ist selten etwas richtig schiefgegangen. Aber dass so ein richtig großer Erfolg bei der Arbeit dabei gewesen wäre, kann ich auch nicht sagen.

Gelungene Antwort auf Frage 15

Zum einen kann ich die sichere Bewältigung der täglichen Aufgaben nennen. Dann habe ich es geschafft, durch Direktmarketingaktionen den Kundenstamm um fast 20 Prozent zu erhöhen. Die neue Produktlinie, an deren Erarbeitung ich in einem Projektteam beteiligt war, hat auf dem Markt sehr gut eingeschlagen und uns einen echten Wettbewerbsvorteil gesichert. Schon in meiner ersten Stelle konnte ich mit Verbesserungsvorschlägen eine bessere Kundenansprache erreichen.

Ungünstige Antwort auf Frage 16

Momentan muss ich dauernd hinter den Kollegen herräumen. Bei denen bleibt alles liegen, ich komme schon gar nicht mehr dazu, meine eigenen Aufgaben richtig zu bearbeiten.

Gelungene Antwort auf Frage 16

Zu meinen Hauptaufgaben zählt die Wartung der Produktionsanlagen. Ich bin dafür verantwortlich, dass bei Produktionsumstellungen schnell umgerüstet werden kann. Dafür stimme ich mich mit der Produktionsplanung ab und arbeite eng mit den Serviceteams der Maschinenanbieter zusammen.

Leistungsfähigkeit
Fragen

17. Welche Ihrer Begabungen können Sie in die ausgeschriebene Stelle einbringen?

Ihre Antwort: ....

18. Welches sind aus Ihrer Sicht die wichtigsten Aufgaben in der neuen Stelle?

Ihre Antwort: ....

19. Was waren Ihre zwei schönsten Erfolge?

Ihre Antwort: ....

20. Haben Sie schon einmal Verbesserungsvorschläge gemacht?

Ihre Antwort: ....

Leistungsfähigkeit Antworten

Ungünstige Antwort auf Frage 17

Mich bringt nichts so schnell aus der Ruhe, die Kollegen können sich also immer voll auf mich verlassen.

Gelungene Antwort auf Frage 17

Da ist zum Beispiel mein Gespür für technische Zusammenhänge, das mir bei der Fehleranalyse hilft. Ich finde schnell heraus, wo es wirklich hakt, und kann dann handfeste Wartungs- oder Reparaturvorschläge machen. Da ich leicht einen Draht zu unterschiedlichen Menschen finde, komme ich auch immer gut mit den Bedienungsmannschaften beim Kunden aus.

Ungünstige Antwort auf Frage 18

So, wie es in der Stellenanzeige steht: Man muss belastbar sein und sich um vieles gleichzeitig kümmern können.

Gelungene Antwort auf Frage 18

Ich sehe die wichtigste Aufgabe in der Kundenbetreuung. Da zu den neuen Aufgaben auch die Produktberatung gehören wird, ist ein kompetenter Auftritt am Telefon und auf Messen sicher wichtig. Die Zusammenarbeit mit dem Außendienst wird auch einen großen Stellenwert haben. Nur wenn die Vertreter gutes Präsentationsmaterial haben, werden sie die Kunden auch überzeugen können.

Ungünstige Antwort auf Frage 19

Mit meinem Mann habe ich das Turnier der Rot-Weiß-Tanzgruppe gewonnen, und dass ich so lange bei meinem bisherigen Arbeitgeber bleiben konnte, ist heutzutage ja auch schon ein Erfolg.

Gelungene Antwort auf Frage 19

Ein schöner Erfolg war es für mich, dass ich das Backoffice so umgestalten konnte, dass wir viel mehr Kundenanfragen mit dem bestehenden Team bearbeiten konnten. Der zweite Erfolg ist die Zusammenführung verschiedener Datenbankinhalte. Mit einer speziellen Weiterbildung habe ich mich auf diese Aufgabe vorbereitet, sodass ich die Datenkonvertierung übernehmen konnte.

Ungünstige Antwort auf Frage 20

Ja, häufiger, aber mein Chef hat das eigentlich immer abgeblockt. Nur einmal hat er einen Vorschlag von mir aufgenommen, ihn dann aber als seine eigene Idee verkauft.

Gelungene Antwort auf Frage 20

Ich überlege eigentlich ständig, ob man nicht etwas besser machen kann. Zum Teil stimme ich mich mit den Kollegen ab, ich bin aber auch schon mit Verbesserungsvorschlägen direkt zu meinem Abteilungsleiter gegangen. Der letzte Vorschlag, den ich gemacht habe, war die Erstellung einzelner Textbausteine für die Auftragsbearbeitung am PC, sodass nicht immer alles neu eingetippt werden muss.

Leistungsfähigkeit
Fragen

21. Wie werden Sie an Ihre neuen Aufgaben herangehen?

Ihre Antwort: ....

22. Was können Sie zum Firmenerfolg beitragen?

Ihre Antwort: ....

23. In welchen Bereichen sind Sie besonders leistungsstark?

Ihre Antwort: ....

24. Wie haben Sie in der Vergangenheit den Umsatz gesteigert?

Ihre Antwort: ....

Leistungsfähigkeit
Antworten

Ungünstige Antwort auf Frage 21

Engagiert und interessiert.

Gelungene Antwort auf Frage 21

Wichtig ist mir erst einmal zu schauen, wie die Abläufe bei Ihnen üblich sind und wo ich die notwendigen Informationen herbekomme. Dazu werde ich mich mit den Kollegen unterhalten und mich auch bei den Vorgesetzten erkundigen. Dann werde ich die Arbeit organisieren, sodass zum Beispiel besonders dringliche Aufgaben schnell erledigt werden können. Und letztlich werde ich meine Ergebnisse dann wie bisher termingerecht abliefern.

Ungünstige Antwort auf Frage 22

Ich werde meine Arbeit so gut und effizient wie möglich machen.

Gelungene Antwort auf Frage 22

Ihr Unternehmen ist einer der führenden Anbieter im Maschinenbau und ist auch international tätig. Im Service kann ich zum Beispiel für Sie die Problembehebung beim Kunden übernehmen. Wegen meiner guten Englischkenntnisse könnte ich auch Einsätze im Ausland übernehmen. Generell werde ich meine umfassende Berufserfahrung im Werkzeugmaschinenbau für Sie einsetzen können.

Ungünstige Antwort auf Frage 23

Ich kann eigentlich vieles. In letzter Zeit hatte ich allerdings nicht so viele Möglichkeiten, mich zu beweisen, ich glaube aber, dass ich besonders engagiert bin.

Gelungene Antwort auf Frage 23

Ich kann auch mit hohen Anforderungen souverän umgehen und gut mit anderen zusammen an Problemlösungen arbeiten. Bei einer Produktserie hatten wir beispielsweise am Anfang Qualitätsprobleme. Da ging es hoch her bei uns im Call-Center. Ich habe mich dann mit den Kollegen aus dem technischen Support kurzgeschlossen, um den Kunden konkrete Hilfestellung bei Bedienungsproblemen im Umgang mit einem neuen Decoder geben zu können.

Ungünstige Antwort auf Frage 24

Gar nicht, ich bin gar nicht im Außendienst.

Gelungene Antwort auf Frage 24

Direkt ist das vielleicht nicht messbar, aber durch die Unterstützung der Verkäufer als Vertriebsassistentin glaube ich schon, zur Umsatzsteigerung beigetragen zu haben. Ich habe insbesondere das Eventmarketing betreut und damit den Bekanntheitsgrad unserer Produkte erhöht.

Leistungsfähigkeit
Fragen

25. Was haben Sie in Ihrer momentanen Stelle getan, um Kosten zu senken?

Ihre Antwort:

26. Wie lassen sich Qualitätsverbesserungen im Unternehmen durchsetzen?

Ihre Antwort:

27. Wie ließe sich Ihrer Meinung nach der Kundenstamm ausweiten?

Ihre Antwort:

28. Auf welche Weise würden wir von Ihrer künftigen Mitarbeit profitieren?

Ihre Antwort:

Leistungsfähigkeit Antworten

Ungünstige Antwort auf Frage 25

Die Vorgaben kamen bei uns in der Firma immer von oben. Da ist oft übertrieben worden. Deswegen finde ich Kostensenkung auf Teufel komm raus eher schlecht.

Gelungene Antwort auf Frage 25

Die Veränderung der Kostenstruktur hat bei meinem alten Arbeitgeber in den letzten Jahren eine große Rolle gespielt. Ich habe insbesondere am Einsatz neuer, günstigerer Materialien zur Verpackung gearbeitet. Auch an der Minimierung von Verpackungsgrößen zur Reduzierung von Transportkosten habe ich mitgewirkt.

Ungünstige Antwort auf Frage 26

Ich finde, dass man das nur durch straffe Kontrollsysteme schafft.

Gelungene Antwort auf Frage 26

Dadurch, dass sich jeder bewusst wird, dass er seinen Beitrag zur Qualität leisten muss. Gespräche in Qualitätszirkeln gehören sicherlich mit dazu, um die Sorgen und Nöte der anderen Abteilungen verstehen zu lernen. Grundsätzlich finde ich es wichtig, sich immer wieder bewusst zu machen, dass Qualität kein Zufallsprodukt ist, sondern von allen erarbeitet werden muss.

Ungünstige Antwort auf Frage 27

Entweder durch bessere Produkte oder durch massiven Werbeeinsatz.

Gelungene Antwort auf Frage 27

Heutzutage sind die Mittel ja oft knapp. Ich habe gute Erfahrungen damit gemacht, innovative und zugleich kostengünstige Wege zu gehen. So habe ich z. B. den Messeverkauf intensiviert und dafür gesorgt, dass wir vermehrt auch kleinere Geschäfte mit speziellen Produktpaketen erreichen.

Ungünstige Antwort auf Frage 28

Sie können sicher sein, dass Sie eine äußerst motivierte Mitarbeiterin bekommen.

Gelungene Antwort auf Frage 28

Sie bekommen eine neue Mitarbeiterin, die sich im Tagesgeschäft gut auskennt und sofort Aufgaben für Sie erledigen kann. Aus meinen bisherigen Tätigkeiten weiß ich auch, dass ich andere mitziehen kann, und das dürfte bei der anstehenden Filialgründung eine wichtige Rolle spielen.

Verfügen Sie über Kundenorientierung?

Die Bedeutung einer klar auf den Kunden ausgerichteten Geschäftsstrategie hat in den letzten Jahren immer weiter zugenommen. Insbesondere Bewerber aus den Bereichen Verkauf, Vertrieb, Marketing, Service und Beratung werden deshalb mit ausführlichen Fragen zu ihrer Kundenorientierung rechnen müssen.

Hintergrund

Vor allem in engen und gesättigten Märkten verkaufen sich Produkte oder Dienstleistungen nicht von allein. Ihre Vorteile und Besonderheiten müssen potenziellen Kunden deshalb in beratungsintensiven Gesprächen geschickt vermittelt werden können. Da der Kontakt zwischen Kunde und Firma über die Schnittstellen Verkauf und Marketing, aber auch über den Service stattfindet, möchten die Firmen von Bewerbern um diese Stellen anhand anschaulicher Beispiele erfahren, wie sie vorgehen, um neue Kunden zu gewinnen und bestehende Kunden an die Firma zu binden.

Typische Fehler

Allgemein gehaltene Lippenbekenntnisse zur Bedeutung der Kundenorientierung im Zeitalter der Austauschbarkeit von Produkten oder Dienstleistungen helfen hier nicht weiter. Genauso gefährlich sind in Anklageform vorgetragene Monologe zur Servicewüste Deutschland. Sie werden Ihre Gesprächspartner auch nicht von Ihrer eigenen Kundenorientierung überzeugen können, wenn Sie Missstände bei Ihrem aktuellen Arbeitgeber ausführlich auflisten oder die Fehler Ihrer Kollegen kritisieren. Genauso problematisch ist es, mit der inneren Einstellung »Eigentlich kann ich alles verkaufen!« aufzutreten. Jede Firma hängt an ihren speziellen Produkten oder Dienstleistungen, und wer nicht glaubwürdig vermitteln kann, dass er sich mit den Besonderheiten der Angebotspalette gründlich auseinandergesetzt hat, wird im Vorstellungsgespräch Schiffbruch erleiden.

Negativbeispiel

Die Frage »Was fällt Ihnen zum Schlagwort ›Kundenorientierung‹ ein?« ist eigentlich eine tolle Chance, um sich als Bewerber ins richtige Licht zu setzen. Leider gibt es dennoch Kandidaten, die diese Steilvorlage beispielsweise so vergeben: »Das ist ein Schlagwort wie viele andere auch, die heute im Umlauf sind. Es geht doch eigentlich darum, gute Arbeit zu machen, dann sind die Kunden auch zufrieden. Im Grunde genommen weiß der Kunde doch gar nicht, was er will, bis man ihm ein verlockendes Angebot vor die Nase hält.«

Kommentar zum Negativbeispiel

Mit dieser Antwort gibt der Bewerber zu verstehen, dass er den Kunden eigentlich für einen Störenfried hält. Er möchte sich lieber in seinem Arbeitsbereich einigeln und möglichst wenig über den eigenen Tellerrand schauen. Auch seine Einstellung zum Absatz von Produkten ist sehr fragwürdig: Anscheinend glaubt er tatsächlich, dass sich der Kunde alles aufs Auge drücken lässt, wenn man es ihm nur geschickt genug anbietet. Dass dabei keine langfristige Kundenbindung entstehen kann, ist dem Bewerber offenbar egal.

Antwort-Strategie

Die Erfahrung zeigt, dass berufserfahrene Bewerber aus den Bereichen Verkauf, Marketing und Service über einen reichen Fundus an Beispielen für gelebte Kundenorientierung verfügen. Überlegen Sie sich also vor dem Gespräch, welche Beispiele aus Ihrer Berufspraxis am besten zu der ausgeschriebenen Stelle passen. Stellen Sie sich als jemand dar, der immer wieder aufs Neue Freude daran hat, Kunden von der Qualität seiner Produkte oder Dienstleistungen zu überzeugen. Zeigen Sie auch auf, dass Sie sich mit dem Erreichten niemals zufriedengeben, sondern permanent an einer Verbesserung der Stellung am Markt arbeiten.

Positivbeispiel

Dass man die recht offene Frage »Was fällt Ihnen zum Schlagwort ›Kundenorientierung‹ ein?« besser nutzen kann, um sich in ein gutes Licht zu rücken, zeigt diese gelungene Antwort: »Mir fallen dabei viele Chancen für Unternehmen ein. Auf Ihrer Homepage habe ich gesehen, dass Sie sehr stark mit kundenspezifischen Lösungen arbeiten. Das halte ich für einen sehr vielversprechenden Weg. Auch ich habe mich im Marketing immer darum gekümmert, zielgruppengenaue Angebote zu entwickeln. Dafür habe ich auch die Entwicklung, die Produktion und den Service mit ins Boot geholt. In bereichsübergreifenden Projektteams zur Verbesserung der Kundenorientierung konnten wir die Arbeit der jeweiligen Abteilungen frühzeitig auf spezifische Kundenbedürfnisse fokussieren.«

Kommentar zum Positivbeispiel

Mit seiner Antwort sammelt der Bewerber viele Pluspunkte. Er verdeutlicht, dass er Kundenorientierung nicht bloß für eine vorübergehende Mode hält, sondern in seiner Arbeit lebt. Zudem stellt er heraus, dass er sich mit den Angeboten der neuen Firma intensiv beschäftigt hat. Diese Vorgehensweise wird ihn weiterbringen und die Personalverantwortlichen überzeugen, denn schließlich geht es darum, die eigenen Kenntnisse und Erfahrungen so zu präsentieren, dass der Nutzen für den neuen Arbeitgeber deutlich wird. Deshalb stellt der Bewerber heraus, dass er jetzt schon die gleichen Maßstäbe an seine Arbeit anlegt, die auch die neue Firma gerne verwirklicht sehen möchte.

Kundenorientierung
Fragen

29. Was könnten Sie in Ihrem Arbeitsfeld dazu beitragen, dass wir am Markt mehr Kunden gewinnen?

Ihre Antwort: ...

30. Was schätzt der Kunde Ihrer Ansicht nach an unseren Produkten/Dienstleistungen?

Ihre Antwort: ...

31. Was stört Kunden Ihrer Meinung nach an unseren Produkten/Dienstleistungen?

Ihre Antwort: ...

32. Welche Erfahrungen haben Sie an Ihrem bisherigen Arbeitsplatz im Umgang mit Kunden gesammelt?

Ihre Antwort: ...

Kundenorientierung Antworten

Ungünstige Antwort auf Frage 29	Ich glaube, da müsste ich mich für Preisreduzierungen einsetzen.
Gelungene Antwort auf Frage 29	In der Fertigung ist es ganz wichtig, dass keine Produkte die Halle verlassen, die in irgendeiner Weise schadhaft sind. Ich habe bei meinen früheren Arbeitgebern auch schon in Qualitätsgruppen mitgearbeitet. Daher weiß ich, dass wir in der Fertigung auch gezielt Rückmeldung geben müssen, wenn Herstellungsschritte so kompliziert sind, sodass sich Fehler einstellen können. Wenn wir in der Fertigung genau hinschauen, lassen sich die Qualität und Zuverlässigkeit der Produkte steigern – und dann greifen auch noch mehr Kunden zu.
Ungünstige Antwort auf Frage 30	Na ja, selbst kann man seine Steuererklärung ja heute nicht mehr machen, dazu ist alles viel zu kompliziert. Die Leute brauchen einfach einen Steuerberater.
Gelungene Antwort auf Frage 30	Dass er sich rundherum aufgehoben fühlt. Sie bieten Full-Service in Ihrem Steuerbüro. Es geht ja schließlich oft nicht nur um steuerrechtliche Gestaltungsmöglichkeiten, sondern auch um die Buchführung, Unternehmensgründungen, Erbangelegenheiten bis hin zur Immobilienverwaltung. Der Kunde kann sich bei Ihnen rundum betreuen lassen.
Ungünstige Antwort auf Frage 31	An Ihren Produkten fällt auf, dass sie recht teuer sind. Sicherlich fragt sich der eine oder andere Kunde, ob diese Preise überhaupt gerechtfertigt sind.
Gelungene Antwort auf Frage 31	Bei Markenartiklern stellt sich manchem Kunde ja die Frage, wie viel er eigentlich für den Markennamen bezahlt. Ich glaube, dass es wichtig ist, den Leuten auch vor Augen zu führen, dass die Produktqualität wirklich besser ist. Dazu könnte man sicherlich auf die vielen guten Testberichte verweisen. Es ist aber wichtig, dass der Kunde auch abseits der Fakten das Gefühl hat, etwas Höherwertiges für sein Geld zu bekommen.
Ungünstige Antwort auf Frage 32	Gute und schlechte, je nachdem, welche Produkte ich verkaufen musste.
Gelungene Antwort auf Frage 32	Der Kontakt zum Kunden ist mir sehr wichtig. Für mich waren Reklamationen immer auch ein Anlass, um über Verbesserungsmöglichkeiten nachzudenken. Und wenn es positive Rückmeldungen gab, hat mich das zusätzlich motiviert. Ganz wichtig ist, dass der Kunde sich ernst genommen fühlt und man ihm ein Produkt anbietet, das seinen Bedürfnissen entspricht.

Kundenorientierung
Fragen

33. Angenommen, Sie werden von einem Bekannten angesprochen, weil am Wochenende etwas Negatives über unsere Firma in der Presse berichtet worden ist: Wie würden Sie reagieren?

Ihre Antwort: ....

34. Ist Kundenorientierung an Ihrem Arbeitsplatz überhaupt wichtig?

Ihre Antwort: ....

35. Was ist wichtiger: gutes Marketing oder gute Produkte?

Ihre Antwort: ....

36. Was kann getan werden, damit die Mitarbeiter den Gedanken der Kundenorientierung noch stärker verinnerlichen?

Ihre Antwort: ....

Kundenorientierung Antworten

Ungünstige Antwort auf Frage 33

In der Presse wird doch vieles übertrieben. Schließlich gibt es auch andere Firmen, die Probleme haben.

Gelungene Antwort auf Frage 33

Ich versuche nach Möglichkeit, die Dinge geradezurücken. Oft wird ja vieles in der Presse aufgebauscht oder unkorrekt dargestellt. Auf jeden Fall werde ich auf den guten Ruf hinweisen, den sich die Firma über Jahre erarbeitet hat, und Positives berichten.

Ungünstige Antwort auf Frage 34

Ich habe ja nicht direkt mit Kunden zu tun. Daher glaube ich, dass es nicht so wichtig ist.

Gelungene Antwort auf Frage 34

Kundenorientierung ist immer wichtig. Auch wenn ich keinen direkten Kundenkontakt habe, ist es absolut notwendig, den Kunden im Hinterkopf zu behalten. Schließlich sind auch die anderen Abteilungen, die mit unseren Ergebnissen umgehen müssen, so etwas wie interne Kunden. Ich bemühe mich immer, Arbeit abzuliefern, die andere gut verwerten können.

Ungünstige Antwort auf Frage 35

Ein gutes Produkt wird seinen Weg schon von alleine finden.

Gelungene Antwort auf Frage 35

Gutes Marketing und gute Produkte sollten Hand in Hand gehen. Es nützt nichts, wenn man ein gutes Produkt hat, aber niemand es kennt. Bei den komplizierten technischen Produkten, die Sie herstellen, ist auch auf den ersten Blick gar nicht erkennbar, was sie alles zu leisten vermögen. Deswegen ist das Marketing wichtig, um dem Kunden Orientierung zu bieten und Informationen zu geben. Wir in der Technik liefern dafür das entsprechend gute Produkt.

Ungünstige Antwort auf Frage 36

Wer die Zeichen der Zeit nicht erkennt, wird zwangsläufig scheitern. Manche müssen Erfahrungen eben auf die schmerzhafte Tour machen, da helfen gute Worte wenig.

Gelungene Antwort auf Frage 36

Letztlich hängt jeder einzelne Arbeitsplatz am zufriedenen Kunden. Ich glaube deshalb, dass es wichtig ist, dass jeder Mitarbeiter erkennt, welchen Stellenwert sein eigener Beitrag zum Unternehmenserfolg hat. Eine gute Abstimmung im Unternehmen ist sicher wichtig, damit die Informationen aus Verkauf und Service auch in die Entwicklung und die Verwaltung gelangen. So etwas kann man mit abteilungsübergreifenden Projektgruppen erreichen.

Kundenorientierung
Fragen

37. Ein Kunde beschwert sich bei Ihnen über ein mangelhaftes Produkt unserer Firma: Wie reagieren Sie?

Ihre Antwort: ....

38. Wie lässt sich eine langfristige Kundenbindung erzielen?

Ihre Antwort: ....

39. Haben Sie Erfahrungen in Kundengesprächen?

Ihre Antwort: ....

40. Was halten Sie von dem Satz »Verkaufen kann man nicht lernen, das hat man im Blut oder nicht«?

Ihre Antwort: ....

Kundenorientierung Antworten

Ungünstige Antwort auf Frage 37	Ich gebe das weiter in die Firma, soll sich der Verantwortliche damit herumschlagen.
Gelungene Antwort auf Frage 37	Ich nehme die Beschwerde ernst und erkundige mich, wo der Kunde den Mangel sieht. Dann versuche ich, ihm eine Lösung anzubieten. Das kann eine Reparatur sein oder ein Austauschprodukt. Wichtig ist, dass der Kunde trotz der Beschwerde das nächste Mal wieder bei uns kauft.
Ungünstige Antwort auf Frage 38	Eine schwierige Frage. Die Kunden wechseln heutzutage ja oft die Anbieter.
Gelungene Antwort auf Frage 38	Ich habe die Erfahrung gemacht, dass man für die Kundenbindung eine Menge tun kann. Schon eine kompetente Beratung beim Einkauf kann dazu führen, dass der Kunde das nächste Mal wiederkommt. Gut bewährt hat sich nach meiner Erfahrung auch eine Kundenkartei, damit man mit Nachfassaktionen oder Mailings neue Produkte vorstellen kann.
Ungünstige Antwort auf Frage 39	Ja, sicher, das ist doch schließlich seit langer Zeit mein Beruf.
Gelungene Antwort auf Frage 39	Ja, ich berate Kunden gerne. Es macht mir Spaß herauszufinden, was sie wollen. Manche Kunden wissen gar nicht richtig, wonach sie suchen, wenn sie das Geschäft betreten. Ich freue mich, wenn ich ihnen dann weiterhelfen und ein bestimmtes Produkt empfehlen kann.
Ungünstige Antwort auf Frage 40	Da ist schon etwas dran, trotzdem schadet es nichts, sich den einen oder anderen Trick anzueignen.
Gelungene Antwort auf Frage 40	Man muss schon Spaß am Umgang mit Kunden haben, sonst ist man im Verkauf fehl am Platz. Vieles muss man aber lernen – Talent allein ersetzt keine umfassende Produktschulung. Schließlich möchte man nicht nur verkaufen, sondern auch kompetent beraten.

Kundenorientierung
Fragen

41. Was ist aus Ihrer Sicht wichtig, damit wir auch künftig einen guten Ruf bei unseren Kunden haben?

Ihre Antwort: ....

42. Wie aktuell ist die Aussage »Der Kunde ist König« **für Sie?**

Ihre Antwort: ....

43. Wenn Sie Kunde bei uns wären: Was wäre Ihnen besonders wichtig?

Ihre Antwort: ....

44. Welche neuen Vertriebswege lassen sich nutzen, um mehr Kunden zu erreichen?

Ihre Antwort: ....

Kundenorientierung
Antworten

Ungünstige Antwort auf Frage 41	Stellen Sie mich ein! Dann wird der gute Ruf erhalten bleiben.
Gelungene Antwort auf Frage 41	Der gute Ruf Ihrer Produkte war für mich letztlich auch ausschlaggebend, um mich bei Ihnen zu bewerben. Wenn Sie weiterhin so viel Wert auf Qualität, Innovation und Kundennähe legen, werden Sie auch zukünftig einen guten Ruf am Markt haben.
Ungünstige Antwort auf Frage 42	Es gibt Kunden, die kaufen für 10 Euro und meinen dann, sie dürften sich alles herausnehmen. Ich bin da etwas skeptisch, ob man wirklich jeden Kunden hofieren muss.
Gelungene Antwort auf Frage 42	Diese Aussage ist für mich sehr aktuell. Es gibt heute in allen Bereichen viel mehr Anbieter als früher. Der Kunde entscheidet schließlich selbst, wo er kauft, und deshalb sollte auch jeder Kunde bei allen Mitarbeitern einen hohen Stellenwert haben.
Ungünstige Antwort auf Frage 43	Wichtig wären mir die Faktoren Preis, Qualität und Dienstleistung.
Gelungene Antwort auf Frage 43	Mir wäre wichtig, dass ich ein gutes Produkt zu einem angemessenen Preis bekomme. Eine kompetente fachliche Beratung würde mir die Kaufentscheidung natürlich erleichtern. Und mir wäre es auch sehr wichtig, dass ein guter Service gewährleistet ist.
Ungünstige Antwort auf Frage 44	Da müsste man sich mal in Ruhe dransetzen. Da fällt mir bestimmt was ein. Vielleicht wäre auch ein Kreativmeeting ganz gut, um zu neuen Ideen zu kommen.
Gelungene Antwort auf Frage 44	Sie schöpfen ja schon die gängigen Vertriebswege aus. Eine Möglichkeit sehe ich noch im Shop-in-Shop-System. Als Hersteller hochwertiger Bekleidungsaccessoires könnten Sie ja auch als Anbieter in Handelsketten auftreten und so Ihren Markennamen weiter transportieren.

Wie gut sind Ihre Fremdsprachen- und PC-Kenntnisse?

Neben speziellen Fachkenntnissen, Branchenwissen und persönlichen Fähigkeiten des Bewerbers werden in sehr vielen Stellenanzeigen auch Fremdsprachen- und PC-Kenntnisse eingefordert. In zahlreichen Berufen gelten besonders PC-Kenntnisse mittlerweile als Standardvoraussetzung. Deshalb müssen Sie Ihre Fähigkeiten in diesen Bereichen plausibel belegen können.

Hintergrund

Um unliebsamen Überraschungen – nämlich fehlenden Sprach- oder EDV-Kenntnissen – im späteren Berufsalltag vorzubeugen, wird im Vorstellungsgespräch auch überprüft, inwiefern der Bewerber entsprechende Vorgaben der Firmenseite erfüllt. Erstaunlicherweise bereitet sich so mancher Bewerber auf Fragen zu Sprach- und PC-Kenntnissen häufig schlechter vor als auf gängige Fragen zur Selbstmotivation, zur Firma, zur Leistungsbereitschaft oder zum Führungsverhalten. Das kann jedoch zu einem Bumerang für den Bewerber werden, denn oft gelten diese Kenntnisse als wichtige Grundvoraussetzung.

Typische Fehler

Auch bei Fragen zu Fremdsprachen- oder PC-Kenntnissen gilt: Wer in seine Antworten keine konkreten Beispiele einfließen lässt, wird es im Vorstellungsgespräch sehr schwer haben. So sollten Sprachkenntnisse nicht nur aufgezählt werden, sondern es sollten vielmehr Gelegenheiten genannt werden, in denen sie erfolgreich eingesetzt wurden – beispielsweise im Umgang mit Kunden, bei Präsentationen, in Meetings oder auf Kongressen. Und auch vorhandene PC-Kenntnisse sollten nicht bloß heruntergeleiert, sondern in Anwendungssituationen erläutert werden.

Negativbeispiel

Auf die Frage »Wie steht es mit Ihren EDV-Kenntnissen?« sollten Bewerber konkret antworten, Ausführungen wie die folgenden wären hingegen zu knapp: »Ja, ich kenne so die üblichen Programme, die man im Backoffice braucht. Ohne geht es ja heutzutage auch gar nicht mehr. Ich bringe daher gute EDV-Kenntnisse mit.«

Kommentar zum Negativbeispiel

Die Antwort der Bewerberin ist deutlich zu knapp. Wahrscheinlich ist sie in die »Selbstverständlichkeits«-Falle getappt. Es passiert häufiger, dass Bewerber, die tagtäglich mit bestimmten Softwareprogrammen umgehen, ihre Kenntnisse für selbstverständlich und nicht weiter erwähnenswert halten. Für Außenstehende, wie Personalverantwortliche und andere Firmenvertreter, sieht die Sache aber anders aus: Sie möchten ganz konkret erfahren, welche Programme die Bewerberin beherrscht.

Antwort-Strategie

In international aufgestellten Firmen gilt schon längst der geflügelte Satz: »Englisch ist keine Fremdsprache mehr!« Wenn Sie davon ausgehen können, international eingesetzt zu werden, sollten Sie auf jeden Fall Ihre Selbstpräsentation (siehe Kapitel »Warum sollen wir gerade Sie einstellen?«) auch auf Englisch ausarbeiten. In diesen Firmen ist es nämlich völlig normal, dass Sie im Gespräch aufgefordert werden, Ihren beruflichen Lebensweg auf Englisch zu präsentieren. Um die Aktualität Ihrer Englischkenntnisse zu überprüfen, schlüpfen Personalverantwortliche auch gern einmal selbst in die Rolle eines – englischsprechenden – Kunden. Dann kommt es darauf an, dass Sie diesen Kunden in der geforderten Sprache überzeugen. Wenn es um Ihre PC-Kenntnisse geht, sollten Sie deutlich machen, dass Sie sich auch in der Vergangenheit immer wieder in neue PC-Programme eingearbeitet haben. Machen Sie die von Firmen geforderte Bereitschaft zum lebenslangen Lernen konkret: Liefern Sie Beispiele dafür, wie Sie Ihre EDV-Kenntnisse in speziellen Kursen, autodidaktisch oder durch eine interne Einarbeitung immer wieder erweitert und ausgebaut haben.

Positivbeispiel

Mit etwas mehr Liebe zum Detail kann die Frage »Wie steht es mit Ihren EDV-Kenntnissen?« viel besser beantwortet werden: »Ich arbeite im Backoffice täglich mit dem MS-Office Softwarepaket. Für den Schriftverkehr setze ich Word ein, Statistiken bereite ich mit Excel auf, und auch in der Erstellung von Präsentationen mit PowerPoint bin ich erfahren. Internetrecherche und E-Mail-Korrespondenz beherrsche ich ebenfalls sicher.«

Kommentar zum Positivbeispiel

Hier bringt die Bewerberin ihre EDV-Kenntnisse richtig ins Spiel. Sie wird konkret und erläutert, wie sie typische Programme bei der täglichen Arbeit einsetzt. Man kauft ihr ohne weiteres ab, dass sie sich auch künftig in Programm-Updates oder neue Programme einarbeiten wird. Eine sehr gute Darstellung ihrer PC-Praxis.

Fremdsprachenkenntnisse
Fragen

45. Können Sie Kundengespräche auf Englisch führen?

Ihre Antwort: ....

46. Wann haben Sie zuletzt einen englischen Fachartikel gelesen?

Ihre Antwort: ....

47. Trauen Sie sich zu, Verhandlungen auf Englisch zu führen?

Ihre Antwort: ....

48. Was haben Sie in den letzten zwei Jahren getan, um Ihre Englischkenntnisse auf dem aktuellen Stand zu halten?

Ihre Antwort: ....

Fremdsprachenkenntnisse
Antworten

Ungünstige Antwort auf Frage 45

Auf Anhieb wahrscheinlich nicht, dazu müsste ich erst einmal einen Englischkurs machen.

Gelungene Antwort auf Frage 45

Ja, das könnte ich. Ich hatte auch in meiner letzten Tätigkeit mit ausländischen Kunden zu tun. Als Zulieferer haben wir ja einen weltweiten Kundenstamm, da ist Englisch die Standardsprache.

Ungünstige Antwort auf Frage 46

Gar nicht, ich gucke mir manchmal englische Songtexte an, aber sonst ...

Gelungene Antwort auf Frage 46

Zuletzt habe ich vor zwei Monaten im Internet zu einer technischen Spezialfrage recherchiert. Dabei bin auch auf englischsprachige Seiten gestoßen. Heutzutage ist das mit dem Internet ja eine tolle Sache. Man findet weltweit viele Informationen.

Ungünstige Antwort auf Frage 47

Da habe ich doch Zweifel. Wenn Sie mir einen Dolmetscher zur Seite stellen, ginge das aber.

Gelungene Antwort auf Frage 47

Ich kann mich auf Englisch mit Kollegen und Kunden unterhalten. Wenn es um spezielle Vertragsdetails geht, würde ich mich lieber absichern. Grundsätzlich kann ich aber Verhandlungen auf Englisch führen und habe das bisher auch schon getan.

Ungünstige Antwort auf Frage 48

Man verlernt bei Sprachen ja nicht so viel, das ist wie mit dem Fahrradfahren.

Gelungene Antwort auf Frage 48

Ich lese mindestens einmal in der Woche Internet-Artikel aus englischsprachigen Zeitungen. Und in meinem Arbeitsgebiet erweitere ich regelmäßig mein Fachvokabular.

PC-Kenntnisse
Fragen

49. Welche PC-Programme setzen Sie bei welchen Aufgaben ein?

Ihre Antwort: ....

50. Wie haben Sie Ihre Softwarekenntnisse erworben?

Ihre Antwort: ....

51. Wie gehen Sie an die Aufgabe heran, sich neue Software zu erschließen?

Ihre Antwort: ....

52. Welche PC-Programme würden Sie gerne noch vertieft kennen lernen?

Ihre Antwort: ....

PC-Kenntnisse Antworten

Ungünstige Antwort auf Frage 49

Die passenden, also ein Textverarbeitungsprogramm für Briefe und andere geeignete Software.

Gelungene Antwort auf Frage 49

Mit den gängigen MS-Office-Programmen arbeite ich täglich. Also Word für die Korrespondenz, Excel für Statistiken und PowerPoint als Präsentationsinstrument. Darüber hinaus arbeite ich auch mit spezieller Mess- und Berechnungssoftware wie WinWert und V-Menue.

Ungünstige Antwort auf Frage 50

So nebenbei, man muss sich da hineinfuchsen. Ich hätte mir etwas mehr Unterstützung von der Firma gewünscht. Die Programme haben sicherlich viel mehr Möglichkeiten, als ich nutzen kann.

Gelungene Antwort auf Frage 50

Die Textverarbeitung wie Word habe ich mir privat mit geeigneten Lern-CDs beigebracht. Das gilt auch für PowerPoint. Für Excel habe ich einen Fortgeschrittenenkurs an der Volkshochschule besucht. Und für die spezielle Firmensoftware habe ich interne Schulungen besucht.

Ungünstige Antwort auf Frage 51

Ich probiere ein bisschen herum und frage Kollegen, die sich auskennen.

Gelungene Antwort auf Frage 51

Bei Standardsoftware kann man sich einige Funktionen erschließen, wenn man bereits andere Programme kennt. Ansonsten habe ich gute Erfahrungen mit Lernprogrammen gemacht. Ich setze zudem die in den Programmen enthaltenen Hilfen gezielt ein, wenn mir bestimmte Funktionen noch nicht ganz klar sind. Auch von den Kollegen hole ich mir den einen oder anderen Tipp.

Ungünstige Antwort auf Frage 52

Worauf würden Sie denn noch Wert legen?

Gelungene Antwort auf Frage 52

Mich interessieren alle Programme, die mir in meinem Arbeitsbereich weiterhelfen. Über Fachzeitschriften verschaffe ich mir immer wieder einen Überblick, was neu auf den Markt kommt. Konkret interessieren würde mich eine neue Tourenplanungssoftware, in die gleich Informationen über Kunden eingepflegt werden können.

Was wissen Sie über unsere Firma?

Wunschkandidaten können im Vorstellungsgespräch vermitteln, dass sie in zweifacher Weise in das Unternehmen passen: Sie machen deutlich, dass sie sowohl auf die neue Stelle als auch in die neue Firma passen. Um das zu überprüfen, stellen die Entscheider auf der Firmenseite nicht nur Fragen zum neuen Arbeitsplatz, sondern auch zur geschäftlichen Entwicklung der Firma. Für Sie als Bewerber ist es deshalb wichtig, sich vorab ausführlich über die Firma zu informieren. Sammeln Sie Informationen auf der Firmenhomepage oder in Zeitungen, oder lassen Sie sich direkt vom Unternehmen Infomaterial schicken – dieses können Sie in vielen Fällen zum Beispiel in der PR-Abteilung der Firma anfragen.

Hintergrund

Die Art und Weise, wie Bewerber Fragen zur Firma beantworten, ist für Personalverantwortliche in mehrfacher Hinsicht aufschlussreich: Zum einen lässt sich daran erkennen, wie ernsthaft die Bewerbung gemeint ist, da sich interessierte Bewerber auf diese Fragen meist gut vorbereiten. Zum anderen werden die Antworten als Arbeitsprobe für die Firma gedeutet. Man will erfahren, ob der Bewerber die unausgesprochene Aufgabe »Bereiten Sie das Vorstellungsgespräch gründlich vor« erkannt und ernst genommen hat.

Typische Fehler

Bewerber, die allgemein zugängliche Kennzahlen der neuen Firma nicht parat haben, sorgen für Missstimmung. Wer Fragen nach der Anzahl der Beschäftigten, nach Umsätzen und Gewinnen der vergangenen Jahre oder nach weiteren Firmenstandorten im In- und Ausland nicht beantworten kann, disqualifiziert sich selbst. Gleiches gilt für Fragen zu den wichtigsten Produkten oder Dienstleistungen der Firma. Es darf auf keinen Fall der Eindruck entstehen, dass Ihnen eigentlich egal ist, in welcher Firma Sie arbeiten.

Negativbeispiel

Eine typische Frage in diesem Fragenblock ist: »Wissen Sie, mit welchen Dienstleistungen wir unser Geld verdienen?« Solche Antworten bringen Bewerber allerdings nicht weiter: »Ja, als Call-Center-Betreiber werden Sie Ihr Geld wohl mit Anrufen beim Kunden verdienen. Sie sind ja ein großer Name in dieser Branche. Da die Firmen mittlerweile immer mehr Service auslagern, haben Sie bestimmt viel zu tun. Nun gut, jeder macht eben das, was er am besten kann, und im Call-Center sitzen die Experten fürs Telefonieren.«

Kommentar zum Negativbeispiel

Diese Antwort kann nicht überzeugen, passt sie doch zu jedem Call-Center-Betreiber gleich gut – genauer gesagt: gleich schlecht. Jeder, auch ein Unternehmensvertreter, möchte als einzigartig wahrgenommen werden. Wer dem Firmenvertreter im Gespräch also das Gefühl gibt, dass sein Unternehmen eigentlich austauschbar ist, stört die Gesprächsatmosphäre nachhaltig. Es wird auch unangenehm aufstoßen, dass der Bewerber sich nicht genauer über den möglichen Arbeitgeber informiert hat. Eine lieblose beziehungsweise fehlende Recherche deutet darauf hin, dass der Kandidat auch beim Arbeiten öfter unvorbereitet agiert.

Antwort-Strategie

Mit dem gezielten Einsatz des Internets lassen sich ohne großen Aufwand die wichtigsten Informationen über den neuen Arbeitgeber recherchieren. Gehen Sie also auf die Homepage der Firma oder geben Sie den Firmennamen in Suchmaschinen ein. Oder lassen Sie sich bei größeren Unternehmen Infomaterial direkt von der Firma schicken. Betonen Sie dann in Ihren Antworten, dass Sie sich vor dem Gespräch gründlich über die Firma informiert haben. Die Vorbereitung des Vorstellungsgesprächs sollten Sie unbedingt ernst nehmen, betrachten Sie sie als eine weitere Arbeitsprobe – genau wie die vorherige schriftliche Bewerbung auch. Besonders gut macht es sich zudem, wenn Sie wichtige Mitbewerber kennen und darstellen können, welche Chancen und Risiken Sie für die zukünftigen Entwicklungen der Branche sehen.

Positivbeispiel

Mit etwas Recherche lässt sich die Frage »Wissen Sie, mit welchen Dienstleistungen wir unser Geld verdienen?« viel besser beantworten, nämlich so: »Ich habe mich im Vorfeld auf der Homepage Ihres Unternehmens informiert. Zu Ihren größten Auftraggebern gehören die Telekom International, die United Telekom und die Telekomplus. Sie sind der bedeutendste Anbieter von Call-Center-Lösungen für Telekommunikationsfirmen. Dabei übernehmen Sie nicht nur Störungsannahmen, sondern bieten ein Full-Service-Paket. Sie sorgen für eine aktive Störungsbearbeitung, indem die Problemfälle im Call-Center eingegrenzt und an den technischen Service im Außendienst weitergegeben werden. Darüber hinaus verfolgen Sie die Erweiterung bestehender Verträge, beispielsweise Breitbandanschlüsse für Internetkunden mit Modemanschluss oder die Home-Call-Option für Mobilfunkverträge.«

Kommentar zum Positivbeispiel

Mit etwas Vorbereitung lassen sich, wie in dieser gelungenen Antwort, viele Pluspunkte bei den Firmenvertretern sammeln. Diesem Bewerber wird im weiteren Verlauf des Gespräches mehr Vertrauen und Aufmerksamkeit entgegengebracht werden als anderen Kandidaten. Schließlich kann man aus seiner Antwort entnehmen, dass er sich aktiv mit seinem zukünftigen Arbeitgeber beschäftigt hat: Er kann die Besonderheiten im Service nennen und das Unternehmen somit von Konkurrenten abgrenzen. Dies unterstreicht die Ernsthaftigkeit seiner Bewerbungsabsichten und verschafft ihm einen Sympathiebonus.

Kenntnisse über die Firma
Fragen

53. Was ist das zentrale Problem unserer Branche?

Ihre Antwort: ......

54. Kennen Sie unsere Firmen-Homepage?

Ihre Antwort: ......

55. An welchem unserer Standorte würden Sie am liebsten arbeiten?

Ihre Antwort: ......

56. Wissen Sie, wie viele Mitarbeiter wir haben?

Ihre Antwort: ......

Kenntnisse über die Firma Antworten

Ungünstige Antwort auf Frage 53

Es läuft ja überall nicht so gut. Die Zeiten sind halt momentan eher schlecht, da werden auch Sie unter Druck stehen.

Gelungene Antwort auf Frage 53

Meiner Meinung nach ist das zentrale Problem die geringe Marge. Direktvertrieb wäre meiner Meinung nach eine Möglichkeit, um die Gewinnsituation zu verbessern. Auf diesem Gebiet konnte ich auch schon für meinen letzten Arbeitgeber Erfolge verbuchen.

Ungünstige Antwort auf Frage 54

Ja, die habe ich mir angesehen.

Gelungene Antwort auf Frage 54

Ich habe mich auf dieses Gespräch gründlich vorbereitet und mir dabei natürlich auch Ihre Homepage ausführlich angeschaut. Gut gefallen haben mir die Struktur und die Übersichtlichkeit. Man kann sich auf der Homepage gut zurechtfinden und mühelos zwischen den einzelnen Informationen navigieren.

Ungünstige Antwort auf Frage 55

Eigentlich würde ich gar nicht so gerne hier in Stuttgart arbeiten. Am liebsten wäre mir ein Standort in Nordrhein-Westfalen. Da habe ich noch viele private Kontakte.

Gelungene Antwort auf Frage 55

Ich habe mich bewusst für die ausgeschriebene Stelle am Standort Stuttgart beworben. Allerdings habe ich auch auf Ihrer Firmen-Homepage gesehen, dass Sie noch an anderen Standorten präsent sind. Wenn es die Aufgabe erfordert, würde ich auch eine Zeit lang dort vor Ort arbeiten.

Ungünstige Antwort auf Frage 56

Ich glaube, so um die 400, oder waren es 1 400? Irgendwo habe ich auch gelesen, dass es sogar noch mehr sind. Aber ich weiß es jetzt nicht genau.

Gelungene Antwort auf Frage 56

Hier am Standort Stuttgart beschäftigen Sie über 400 Mitarbeiter, bundesweit sind es knapp 1 500. Und europaweit arbeiten für Sie etwa 2 000 Mitarbeiter.

Kenntnisse über die Firma
Fragen

57. Kennen Sie die Anzahl unserer Niederlassungen?

Ihre Antwort: ....

58. Wie haben Sie sich über unsere Firma informiert?

Ihre Antwort: ....

59. Welchen Eindruck macht unsere Firma auf Sie?

Ihre Antwort: ....

60. Woher kennen Sie unser Unternehmen?

Ihre Antwort: ....

Kenntnisse über die Firma Antworten

Ungünstige Antwort auf Frage 57	Da muss ich jetzt passen.
Gelungene Antwort auf Frage 57	Ich weiß, dass Sie in Deutschland zwölf Niederlassungen unterhalten, wobei die Zentrale in Essen ist.
Ungünstige Antwort auf Frage 58	In der Stellenanzeige standen ja einige der wichtigsten Punkte, und ich habe vor einiger Zeit auch mal einen Artikel über Ihr Unternehmen in der Zeitung gelesen.
Gelungene Antwort auf Frage 58	Ich habe mich so umfassend wie möglich informiert. Zuerst habe ich mir Ihre Homepage angeschaut. Dann habe ich über eine Suchmaschine nach weiteren Informationen über einzelne Produkte und Kampagnen Ihres Unternehmens gesucht. Darüber hinaus waren Ihre Mitarbeiter in der PR-Abteilung so freundlich, mir noch weiteres Infomaterial zuzusenden, unter anderem auch die Unternehmensleitlinien.
Ungünstige Antwort auf Frage 59	Ganz gut so weit. Aber ich werde ja sowieso im Außendienst tätig sein.
Gelungene Antwort auf Frage 59	Einen sehr professionellen Eindruck. Der Umgangston ist kompetent und freundlich. Ich würde mich hier auch als interessierter Kunde sehr gut aufgehoben fühlen.
Ungünstige Antwort auf Frage 60	Aus der Stellenanzeige, da bin ich auf Sie zum ersten Mal aufmerksam geworden.
Gelungene Antwort auf Frage 60	Ihr Unternehmen ist mir seit einigen Jahren bekannt. Den ersten Kontakt zu Ihnen habe ich auf einer Messe hergestellt. Danach bin ich häufiger auf Veröffentlichungen über Ihr Unternehmen gestoßen. Gerade die Innovationsfreude beeindruckt mich immer wieder.

Kenntnisse über die Firma
Fragen

61. Was reizt Sie an unserer Branche?

Ihre Antwort: ....

62. Kennen Sie unsere Mitbewerber?

Ihre Antwort: ....

63. Kennen Sie unsere Produkte/Dienstleistungen?

Ihre Antwort: ....

64. Was ließe sich Ihrer Meinung nach bei uns verbessern?

Ihre Antwort: ....

Kenntnisse über die Firma Antworten

Ungünstige Antwort auf Frage 61	Ich habe schon mal versucht, in einer anderen Branche Fuß zu fassen, aber ich bin wohl auf die Automobilbranche festgenagelt, und es ist ja auch eigentlich ganz interessant.
Gelungene Antwort auf Frage 61	Mich reizt vor allem die technische Entwicklung in der Branche. Als Verkäufer merke ich ja ständig, wie viel Innovation in den einzelnen Fahrzeugen steckt. Dies dem Kunden auch verständlich zu machen ist jedes Mal wieder eine Herausforderung.
Ungünstige Antwort auf Frage 62	Zumindest einen, bei dem arbeite ich ja gerade.
Gelungene Antwort auf Frage 62	Ich bin ja schon einige Jahre in der Branche, da gehört es dazu, dass man einen Überblick über die anderen Anbieter auf dem Markt hat. Zu Ihren wichtigsten Mitbewerbern gehören sicherlich die Müller GmbH, die Schmidt AG und die Meyer GmbH & Co. KG. In nächster Zeit dürften aber auch noch verstärkt ausländische Anbieter wie die Trading Corp. auf dem deutschen Markt antreten.
Ungünstige Antwort auf Frage 63	Einige kenne ich, und es sind auch einige gute Produkte dabei.
Gelungene Antwort auf Frage 63	Besonders stark sind Sie im Bereich der maßgeschneiderten Lichtsysteme. Sehr interessant finde ich Ihr Tageslichtkonzept für Großraumbüros. Aber auch die Beleuchtungsanlagen für Konzert- und Mehrzweckhallen gehören sicherlich zu Ihren starken Geschäftsfeldern.
Ungünstige Antwort auf Frage 64	Also erstens müsste dringend die Geschäftspolitik gegenüber Lieferanten geändert werden. Ich weiß ja, welchen Druck Sie ausüben können, das muss in schlechter Qualität enden. Zweitens beschäftigen Sie zu viele Leute im Innendienst. Und drittens sind Ihre Außendienstmitarbeiter nicht besonders motiviert. Und mir würden noch andere Dinge einfallen, die dringend geändert werden müssten.
Gelungene Antwort auf Frage 64	Ihre Produkte haben einen guten Stand am Markt. Vielleicht wäre es interessant, sich einmal Gedanken über Synergieeffekte zwischen den einzelnen Produktbereichen zu machen. Ein großer Trend in der Branche ist es momentan ja auch, die Serviceteams vermehrt für Kundenbindung und Verkaufsförderung einzusetzen. Ich glaube, dass man an einigen Details feilen könnte, um zukünftig noch stärker am Markt aufzutreten.

Wie gehen Sie mit Veränderungen um?

Der Veränderungsdruck, dem die Firmen eigentlich schon immer ausgesetzt waren, hat in den vergangenen Jahren enorm zugenommen. Gründe für die notwendigen Veränderungen sind unter anderem die schwierige wirtschaftliche Lage oder die zunehmende Konkurrenz aus dem Ausland. Im Vorstellungsgespräch möchte man herausbekommen, ob Sie diesem Druck auf Dauer standhalten können.

Hintergrund

Restrukturierungen, Kostensenkungsprogramme, Abteilungsumgestaltungen oder Bereichszusammenlegungen finden in Firmen immer häufiger statt. Es nützt aber nichts, wenn die Firmenspitze oder externe Unternehmensberater »von oben herab« neue Konzepte entwickeln und implementieren. Diese Konzepte entfalten erst dann ihre Wirkung, wenn sie von allen Beteiligten ernst genommen und umgesetzt werden. Deshalb sind Firmen daran interessiert zu erfahren, wie Sie in der Vergangenheit mit Veränderungen im Berufsalltag umgegangen sind.

Typische Fehler

Für die meisten Bewerberinnen und Bewerber sind als Arbeitnehmer die genannten Veränderungen mit gravierenden Einschnitten wie Lohnkürzungen, Etatstreichungen oder in vielen Fällen auch Arbeitsplatzabbau verbunden. Daher kann es schnell passieren, dass in den Antworten auf die Fragen zur Veränderungsbereitschaft die Emotionen durchschlagen und eine pauschale Managerkritik oder Arbeitgeberschelte betrieben wird. So eine Reaktion wirkt sich im Vorstellungsgespräch mit dem neuen Arbeitgeber natürlich kontraproduktiv aus.

Negativbeispiel

Die Veränderungsbereitschaft von Bewerberinnen und Bewerbern lässt mit der Frage »Was hat sich in den letzten Jahren in Ihrem Arbeitsbereich geändert?« überprüfen. Auf keinen Fall dürfte die Antwort so ausfallen: »Das Arbeiten ist immer schwieriger geworden. Die Unternehmen versuchen heute, alles über Druck zu erreichen, und da bricht doch jedes Engagement ein. Auch dass heute alles mit dem Computer geregelt werden soll, finde ich unsinnig. Man muss ja nicht alle Details dokumentieren, sonst wird man langfristig zum reinen Bürokraten.«

Kommentar zum Negativbeispiel

Sicherlich gibt es immer wieder mal etwas an bestehenden Arbeitsabläufen zu kritisieren. Allerdings ist das Vorstellungsgespräch ein völlig ungeeigneter Ort, um diese Kritik zu äußern. Mit seiner Antwort wirft der Bewerber dem Personalverantwortlichen indirekt an den Kopf, dass er alle Vorgesetzten für bürokratische Monster hält. Er scheint zudem nicht sonderlich viel davon zu halten, sich an neue Entwicklungen anzupassen. Durch seine Pauschalkritik manövriert er sich jedoch ins Abseits.

Antwort-Strategie

Machen Sie klar, dass Sie Veränderungen grundsätzlich weniger als Bedrohung, sondern vielmehr als Chance und Herausforderung sehen. Betonen Sie Ihre Fähigkeit, sich flexibel auf veränderte Anforderungen einzustellen. Liefern Sie Beispiele dafür, wie Sie in Zeiten knapper Kassen und dünner Personaldecken mit den Aufgaben in Ihrem Arbeitsbereich dennoch zurechtgekommen sind. Sehr überzeugend sind auch Beispiele dafür, wie Sie Veränderungen mithilfe kreativer – sprich: kostenneutraler – Lösungen erfolgreich in den Griff bekommen haben.

Positivbeispiel

Damit Sie die Frage »Was hat sich in den letzten Jahren in Ihrem Arbeitsbereich geändert?« besser als in dem vorherigen Negativbeispiel beantworten können, sollten Sie sich an der folgenden Antwort orientieren: »Es hat sich vieles geändert. Da ist zum einen der vermehrte Einsatz der Informationstechnologie. Wichtige Daten kann man heute viel schneller und besser selektiert bekommen als früher. Das habe ich immer als Chance gesehen und mich frühzeitig in die eingesetzte Software eingearbeitet. Auch der Abstimmungsbedarf mit anderen Abteilungen ist gestiegen. Regelmäßige abteilungsübergreifende Meetings gehören daher heute mit zu meiner Arbeit. Sicherlich kostet das auch zusätzliche Zeit und Mühen, aber es lohnt sich, da alle Beteiligten viel besser an einem Strang ziehen als früher.«

Kommentar zum Positivbeispiel

Die Forderung der Firmen nach flexiblen Mitarbeitern greift der Bewerber in dieser Antwort gekonnt auf. Auch seine Erfahrungen mit Veränderungen werden sicherlich nicht ausschließlich positiv sein, aber für das Vorstellungsgespräch trifft er die richtige Auswahl an geeigneten Beispielen. Er beschränkt sich nicht nur darauf, die Veränderungen am Arbeitsplatz aufzuzählen, sondern liefert auch Informationen darüber, wie er mit dem Veränderungsdruck umgegangen ist – und diese Beispiele wirken sehr überzeugend. Diesem Bewerber traut man ohne weiteres zu, dass er es schafft, sich auf die Anforderungen im neuen Job einzustellen. Damit ist er einen wesentlichen Schritt auf dem Weg zur Einstellung weitergekommen.

Umgang mit Veränderungen
Fragen

65. Haben Sie sich in den letzten Jahren weiterentwickelt?

Ihre Antwort: ....

....

....

....

....

....

....

66. Welche zwei gravierenden Veränderungen haben Sie an Ihrem alten Arbeitsplatz erlebt und wie sind Sie damit umgegangen?

Ihre Antwort: ....

....

....

....

....

....

....

67. Wurden in Ihrem Arbeitsbereich schon einmal Etats gekürzt? Wie sind Sie damit zurechtgekommen?

Ihre Antwort: ....

....

....

....

....

....

....

68. Können Sie mir zwei Beispiele für Ihre berufliche Flexibilität geben?

Ihre Antwort: ....

....

....

....

....

....

....

Umgang mit Veränderungen Antworten

Ungünstige Antwort auf Frage 65

Ja, ich hoffe zu meinem Vorteil.

Gelungene Antwort auf Frage 65

Auf jeden Fall, in meinem Fachgebiet bleibe ich eigentlich immer am Ball. Heutzutage kommt man über das Internet ja wunderbar an aktuelle Informationen. Ich bin auch in schwierigere Aufgaben hineingewachsen. Und nicht zuletzt habe ich durch die Übernahme von Sonderaufgaben einen besseren Draht zu den Kollegen aus anderen Abteilungen entwickelt.

Ungünstige Antwort auf Frage 66

Einmal war das ein Vorgesetztenwechsel, der eigentlich gut für die Abteilung war. Und dann noch der Umzug in ein neues Firmengebäude. Ich habe zugesehen, dass ich diesmal ein vernünftiges Büro bekomme.

Gelungene Antwort auf Frage 66

Ich habe mehrere Produktionsumstellungen mitgemacht. Die größte Herausforderung war dabei die Einführung des Drei-Schichten-Betriebs. Es war nicht ganz einfach, da ich im privaten Bereich einiges umstellen musste. Dann gab es mehrere Vorgesetztenwechsel in kurzer Zeit. Ich bin mit den neuen Chefs immer gut zurechtgekommen. Aber natürlich muss man sich immer erst einmal auf den neuen Vorgesetzten einstellen. Einen sehr jungen Chef habe ich besonders unterstützt, denn ihm fehlte die Einbindung in die Firma, weil er von außen kam.

Ungünstige Antwort auf Frage 67

Etatkürzungen muss man hinnehmen. Auch wenn dadurch sehr viel Unruhe entsteht.

Gelungene Antwort auf Frage 67

Es ist schon schwer, wenn eine Etatkürzung auf die nächste folgt. In meiner Abteilung wurden von zehn Arbeitsplätzen zwei abgebaut. Die Arbeit musste dann auf die verbliebenen Kollegen verteilt werden. Das war natürlich eine Mehrbelastung, der Arbeitsaufwand ließ sich aber noch bewältigen. Auch der Werbemitteleinkauf wurde stark eingeschränkt. Ich habe dann mit den Kollegen im Team dafür gesorgt, dass der verbliebene Etat nur noch für ausgewählte Werbemittel mit hohem Aufmerksamkeitswert verwendet wurde.

Ungünstige Antwort auf Frage 68

Für meinen letzten Arbeitgeber bin ich umgezogen. Und ich musste sogar einmal meinen Urlaub verschieben.

Gelungene Antwort auf Frage 68

Ich habe des Öfteren Kollegen vertreten, einmal über einen längeren Zeitraum. Auch in neue Computerprogramme habe ich mich mehr als einmal eingearbeitet.

Umgang mit Veränderungen
Fragen

69. Wie helfen Sie Kollegen dabei, sich in veränderten Arbeitsabläufen zurechtzufinden?

Ihre Antwort: ....

70. Welches berufliche Erlebnis hat Sie geprägt?

Ihre Antwort: ....

71. Unter welchen Umständen würden Sie sich von sich aus nach einem neuen Arbeitgeber umsehen?

Ihre Antwort: ....

72. Können Sie sich gut auf neue Situationen einstellen?

Ihre Antwort: ....

Umgang mit Veränderungen
Antworten

Ungünstige Antwort auf Frage 69

Das kommt darauf an. Netten Kollegen gibt man ja durchaus mal einen Tipp. Ansonsten müssten sich Kollegen eigentlich auch selbst helfen können.

Gelungene Antwort auf Frage 69

Ich spreche mit ihnen darüber, wie ich an die neuen Abläufe herangegangen bin. Wenn es um fachliche Zusammenhänge geht, gebe ich den Kollegen natürlich gerne Auskunft. Am besten ist es, wenn man sich untereinander abspricht, dann klappt alles viel reibungsloser.

Ungünstige Antwort auf Frage 70

Das war in erster Linie die Insolvenz meines Ausbildungsbetriebes. In solchen Situationen merkt man, dass auch der beste Einsatz vergebens sein kann.

Gelungene Antwort auf Frage 70

Meine erste Berufung in eine Projektgruppe. Dort habe ich die enge Verzahnung der Abläufe im Unternehmen kennen gelernt. Seitdem blicke ich viel mehr über meine eigene Abteilung hinaus als vorher.

Ungünstige Antwort auf Frage 71

Die Warnzeichen sind ja meist nicht zu übersehen. Also lieber zu früh als zu spät.

Gelungene Antwort auf Frage 71

Wenn ich meine Arbeit nicht mehr sinnvoll einsetzen kann. Ich möchte meine beruflichen Erfahrungen einbringen, um Ergebnisse zu erzielen. Wenn das nicht mehr möglich ist, würde ich mich nach einer neuen Stelle umschauen, denn das Absitzen der Arbeitszeit ist nichts für mich.

Ungünstige Antwort auf Frage 72

Klar, das kann ich. Ich werde von meinen Freunden als sehr flexibel beschrieben.

Gelungene Antwort auf Frage 72

Ich habe mich am Arbeitsplatz schon oft auf neue Situationen eingestellt. Es gibt immer wieder Veränderungen, die bewältigt werden müssen. Schon meine erste Stelle nach der Ausbildung war eine Umstellung, da ich von einem kleinen Betrieb der Holzverarbeitung in einen großen Baustoffhandel gewechselt habe. Im Lauf der Jahre habe ich dann immer wieder neue Arbeitsabläufe kennen gelernt und mich in neue Aufgaben eingearbeitet.

Umgang mit Veränderungen
Fragen

73. Welche Ereignisse waren in Ihrer Ausbildung/Ihrem Studium für Sie besonders einschneidend?

Ihre Antwort: ....

74. Können Sie uns zwei Beispiele für Ihre Lernfähigkeit geben?

Ihre Antwort: ....

75. Auf welche Trends müssen wir uns in unserer Branche demnächst einstellen?

Ihre Antwort: ....

76. Was ist in Ihrem Arbeitsfeld heute anders als vor fünf Jahren?

Ihre Antwort: ....

Umgang mit Veränderungen
Antworten

Ungünstige Antwort auf Frage 73

Ich bin durch eine wichtige Prüfung gefallen. Am liebsten wollte ich damals alles hinschmeißen. Deshalb habe ich einige Zeit gebraucht, bis ich mich wieder zur Prüfung angemeldet habe.

Gelungene Antwort auf Frage 73

Die Kundenorientierung in der Berufspraxis war für mich ein Schlüsselerlebnis. Da mir das Arbeiten mit Kollegen und Kunden liegt, habe ich mir meine erste Stelle im Verkauf und Vertrieb gesucht.

Ungünstige Antwort auf Frage 74

Ja. Während meiner Ausbildung hatte ich nie Probleme, mich auf Prüfungen vorzubereiten. Und immer, wenn mir bei meiner Arbeit Fehler unterlaufen sind, ist mir der gleiche Fehler eigentlich nie ein zweites Mal passiert.

Gelungene Antwort auf Frage 74

Ja, gerade letzte Woche habe ich mich mit einem Update der Software beschäftigt, die wir in unserem Steuerbüro für die Jahresabschlüsse einsetzen. Ich beschäftige mich auch mit speziellen Fragen der Steuerrechtsprechung, um für unsere Kunden immer ein kompetenter Ansprechpartner zu sein.

Ungünstige Antwort auf Frage 75

Trends kommen und gehen, ich finde es daher wichtig, gute Produkte anzubieten.

Gelungene Antwort auf Frage 75

Die Konzentrationsprozesse im Handel werden weiter massiv zunehmen. Das heißt, wir werden auf immer mächtigere Mitbewerber treffen. Hinzu kommen ausländische Handelskonzerne, die als Konkurrenten auftreten werden. Eine Chance ist es natürlich, selbst im Ausland tätig zu werden.

Ungünstige Antwort auf Frage 76

Eigentlich hat sich nicht so viel grundlegend verändert. Aber die Globalisierung ist doch eher Fluch als Segen.

Gelungene Antwort auf Frage 76

Die Internationalität des Arbeitens ist noch stärker geworden. Ich habe zurzeit viel mehr als früher mit ausländischen Geschäftspartnern zu tun. Ein beträchtlicher Teil der Korrespondenz wird bei uns im Unternehmen heute auf Englisch geführt.

Umgang mit Veränderungen
Fragen

77. Wie reagieren Sie auf Kritik?

Ihre Antwort: ....

78. Wie kritisieren Sie Vorgesetzte, die nachweislich einen Fehler begangen haben?

Ihre Antwort: ....

79. Wie stehen Sie zum Begriff der Fehlerkultur?

Ihre Antwort: ....

80. Was machen Sie, wenn Sie diese Stelle nicht bekommen?

Ihre Antwort: ....

Umgang mit Veränderungen
Antworten

Ungünstige Antwort auf Frage 77	Kritik kommt immer mal vor, das muss man aushalten können.
Gelungene Antwort auf Frage 77	Kritik kann hilfreich sein, wenn sie sachlich geäußert wird. Ich nehme immer gerne Hinweise entgegen, wie ich meine Arbeit optimieren kann. Wenn ich meiner Meinung nach ungerechtfertigt kritisiert werde, suche ich das Gespräch. Da lassen sich Unstimmigkeiten meistens ausräumen.
Ungünstige Antwort auf Frage 78	Es ist ganz gut, wenn die Chefs auch mal merken, dass sie nicht perfekt sind. Ich werde die Fehler in der Abteilung deutlich aufzeigen.
Gelungene Antwort auf Frage 78	Wenn ich merke, dass etwas schiefläuft, spreche ich meinen Vorgesetzten persönlich unter vier Augen an. Natürlich muss man auch auf die richtige Gelegenheit warten. Wenn der Vorgesetzte gerade im Stress ist, ist die Gelegenheit eher ungünstig. Ich habe gemerkt, dass es Vorgesetzte durchaus schätzen, wenn man sie ruhig und sachlich auf Fehlentwicklungen hinweist.
Ungünstige Antwort auf Frage 79	Das ist doch auch wieder so eine Managementmode, die mit der betrieblichen Praxis nichts zu tun hat.
Gelungene Antwort auf Frage 79	Es ist wichtig, dass in der Firma jeder daran arbeitet, Fehler so weit wie möglich auszuräumen. Fehler haben nämlich die Eigenschaft, immer schlimmer zu werden, je länger man die Sache schleifen lässt. Ich finde auch gegenseitige Schuldzuweisungen sehr unproduktiv. Besser ist es, wenn man sich eine Null-Fehler-Mentalität zum Ziel setzt.
Ungünstige Antwort auf Frage 80	Dann gehe ich eben woanders hin, es gibt noch andere interessante Stellen.
Gelungene Antwort auf Frage 80	Das wäre sehr schade, da ich meine beruflichen Erfahrungen gerne in der ausgeschriebenen Stelle einsetzen würde. Als Personalassistentin bringe ich sehr gute Erfahrungen in der Spesen- und Provisionsabrechnung für den Außendienst mit. Das Führen von Personalakten, die Urlaubs- und Einsatzplanung und die Erstellung statistischer Auswertungen gehören auch bisher schon zu meinen Aufgaben. Wenn ich die Stelle nicht bekomme, würde ich mich auf ähnliche Positionen bei anderen Firmen bewerben.

Wie motivieren Sie sich für berufliche Aufgaben?

Ihr neuer Arbeitgeber möchte Ihre innere Einstellung zur täglichen Arbeit und Ihre Arbeitsmotivation kennen lernen. Die Personalverantwortlichen versuchen daher mit verschiedenen Fragen – wie beispielsweise »Wie motivieren Sie sich für berufliche Aufgaben?« – herauszubekommen, ob Sie nur auf äußeren Druck reagieren oder sich durch Ihre innere Überzeugung leiten lassen.

Hintergrund

Mitarbeiterinnen und Mitarbeiter, die sich mit ihren beruflichen Aufgaben identifizieren können, sind bei den Firmen gefragt. Denn motivierte Kandidaten zeichnen sich dadurch aus, dass sie sich selbst berufliche Ziele stecken, auf deren Erreichung hinarbeiten und besser mit Rückschlägen umgehen können als unmotivierte Kollegen. Zusätzlich geben diese gefragten Mitarbeiter ihrem beruflichen Umfeld positive Impulse: Andere Kollegen lassen sich von der Motivation anstecken, Arbeitsabläufe werden optimiert und gemeinsam erreichte Ziele schweißen das Team zusammen.

Typische Fehler

Viele Bewerber bezeichnen sich als motiviert, ohne dies näher begründen zu können. Es ist problematisch, wenn Bewerber Leerfloskeln und Schlagwörter herunterbeten, ohne sie mit Inhalt zu füllen und konkrete Beispiele zu nennen. Entsteht bei Personalverantwortlichen oder künftigen Fachvorgesetzten dann der Eindruck, dass die eigentliche Motivation nur darin besteht, am Monatsende ein Gehalt von der Firma überwiesen zu bekommen, ist der Kandidat im »Motivationstest« durchgefallen.

Negativbeispiel

Wird eine Bewerberin im Vorstellungsgespräch mit der Frage »Wie motivieren Sie sich für den Arbeitsalltag?« konfrontiert, wäre die folgende Antwort leider ungeeignet: »Ich gehe immer hoch motiviert an meine Arbeit heran. Es ist mir wichtig, stets mein Bestes zu geben. Ohne Motivation geht es ja auch nicht.«

Kommentar zum Negativbeispiel

In dieser Beispielantwort reiht sich eine Nullaussage an die nächste. Die Personalverantwortlichen werden der Bewerberin nicht abnehmen, dass sie sich überhaupt jemals näher mit ihrer Arbeitsmotivation auseinandergesetzt hat. Verräterisch ist auch ihr letzter Satz »Ohne Motivation geht es ja auch nicht«: Es entsteht der Eindruck, dass die Bewerberin dem Personalverantwortlichen nach dem Mund reden will. Auf diese Weise kann sie aber nicht überzeugen, denn es fehlen glaubwürdige Beispiele, aus denen man die Motivation der Bewerberin heraushören und nachvollziehen könnte.

Antwort-Strategie

Machen Sie in Ihrer Antwort deutlich, dass Sie schon immer über eine hohe Eigenmotivation verfügt haben. Begründen Sie kurz, warum Sie sich für Ihre Ausbildung beziehungsweise Ihr Studium entschieden haben. Dann sollten Sie anhand passender und überzeugender Beispiele erläutern, was Sie bei der Erledigung Ihrer beruflichen Aufgaben antreibt, woraus Sie Ihre Kraft schöpfen und dass Sie sich auch von Rückschlägen nicht unterkriegen lassen. Sie werden bei den Personalverantwortlichen zusätzlich punkten können, wenn Sie zudem klarmachen, dass Sie noch lange nicht zum Stillstand gekommen sind und sich beruflich – natürlich im Rahmen der neuen Stelle – kontinuierlich weiterentwickeln möchten.

Positivbeispiel

Die auf der Vorseite gestellte Frage »Wie motivieren Sie sich für den Arbeitsalltag?« lässt sich dementsprechend besser so beantworten: »Ich motiviere mich durch gute Arbeitsergebnisse. Wenn ich eine Aufgabe sehr gut gelöst habe, bin ich gleich motiviert für neue Aufgaben. So habe ich beispielsweise in meiner jetzigen Firma Sonderaufgaben übernommen, nachdem ich die Tagesroutine gut im Griff hatte. Bei der Sonderaufgabe ging es darum, Verkaufszahlen aufzubereiten und für Vertriebsaktivitäten nutzbar zu machen. Ich habe mich in das Programm Excel vertieft eingearbeitet und meine Ergebnisse als PowerPoint-Präsentation festgehalten. Daneben liefen natürlich meine sonstigen Aufgaben als Vertriebsassistentin normal weiter.«

Kommentar zum Positivbeispiel

Auch dieses Positivbeispiel zeigt einmal mehr, wie wichtig es ist, im Vorstellungsgespräch mit anschaulichen Beispielen zu arbeiten. Dabei muss man gar nicht jedes Mal das Rad neu erfinden – die Beschreibung des Berufsalltages oder spezieller Aufgaben reicht vollkommen aus und überzeugt Personalverantwortliche. Diese Vorgehensweise nutzt die Bewerberin im Positivbeispiel. Ihre Bereitschaft, Sonderaufgaben zu übernehmen, zeigt, dass sie tatsächlich motiviert an die Arbeit geht. Der Hinweis auf das souverän beherrschte Tagesgeschäft gibt dem Personalverantwortlichen zudem die Sicherheit, dass er die richtige Bewerberin vor sich hat.

Motivationsfähigkeit
Fragen

81. Warum haben Sie sich für Ihre Ausbildung/Ihr Studium entschieden?

Ihre Antwort: ....

82. Was motiviert Sie bei der täglichen Arbeit?

Ihre Antwort: ....

83. Wie gehen Sie mit Rückschlägen bei der Arbeit um?

Ihre Antwort: ....

84. Was ist Ihnen wirklich wichtig?

Ihre Antwort: ....

Motivationsfähigkeit
Antworten

Ungünstige Antwort auf Frage 81

Ich wusste damals nicht genau, was ich machen sollte, die Schule bereitet einen auf das Berufsleben ja auch überhaupt nicht richtig vor. Ich habe mich dann eher zufällig entschieden.

Gelungene Antwort auf Frage 81

Schon in der Schule haben ich mich am meisten für technische/sprachliche/naturwissenschaftliche/kreative Fächer interessiert. Meine Praktika habe ich genutzt, um in für mich interessante Berufe hineinzuschnuppern und erste Erfahrungen zu sammeln. Die Entscheidung habe ich dann getroffen, nachdem ich mir über die beruflichen Möglichkeiten, die mir eine Ausbildung zum ... / ein Studium der ... eröffnet, klar geworden bin.

Ungünstige Antwort auf Frage 82

Na ja, ich sag immer, irgendwie muss die Miete ja bezahlt werden.

Gelungene Antwort auf Frage 82

Mich motiviert es, wenn ich sehe, dass es vorangeht. Ich stelle mich gerne beruflichen Aufgaben. So habe ich zusammen mit dem Service daran gearbeitet, Kundenwünsche besser umzusetzen. Das war eine schwierige Aufgabe, aber die guten Rückmeldungen aus dem Kundenkreis haben mich weiter angespornt.

Ungünstige Antwort auf Frage 83

Rückschläge kann man nun mal nicht vermeiden. Da muss man dann durch. Man hat ja auch nicht selber alles in der Hand.

Gelungene Antwort auf Frage 83

Es läuft nun mal nicht immer alles von vornherein glatt. Rückschläge sind für mich dann aber ein Hinweis darauf, dass etwas künftig anders angepackt werden muss. Bei uns im Außendienst gab es eine Zeit lang Schwierigkeiten mit der Kundenakquisition. Ich habe dann mit dafür gesorgt, dass Kundentermine telefonisch und mit der Zusendung von Infomaterial vorbereitet wurden. Danach konnten wir unseren Kundenstamm beträchtlich erweitern.

Ungünstige Antwort auf Frage 84

Meine Gesundheit, meine Familie und ein sicheres Einkommen.

Gelungene Antwort auf Frage 84

Meine Familie/meine Freunde und dass ich die Möglichkeit habe, meine Erfahrungen und mein Wissen beruflich umzusetzen. Ich habe immer aktiv daran gearbeitet, meinen Arbeitsbereich gut im Griff zu haben. Deswegen habe ich auch eine Weiterbildung zur OP-Schwester gemacht.

Motivationsfähigkeit
Fragen

85. Aus welchen Gründen haben Sie sich für die Stelle beworben?

Ihre Antwort: ...

86. Wenn Sie noch einmal ganz von vorne anfangen könnten: Was würden Sie wieder genauso machen, und was würden Sie anders machen?

Ihre Antwort: ...

87. Was wollen Sie noch privat und beruflich erreichen?

Ihre Antwort: ...

88. Welche Weiterbildungen möchten Sie noch in Angriff nehmen?

Ihre Antwort: ...

Motivationsfähigkeit
Antworten

Ungünstige Antwort auf Frage 85

Mein vorheriger Arbeitgeber ist in Insolvenz gegangen, da musste ich mich dann ja gezwungenermaßen woanders umsehen.

Gelungene Antwort auf Frage 85

Über die Stellenausschreibung von Ihnen habe ich mich gefreut. Ich habe mich sehr gut selbst in der Ausschreibung wiedererkannt. In der Organisation des Backoffice habe ich langjährige Erfahrungen. Auch bei meiner alten Firma habe ich umfangreiche Korrespondenz in englischer Sprache geführt. Und bei der Einführung neuer Software habe ich häufig Schulungsaufgaben für den Kollegenkreis übernommen.

Ungünstige Antwort auf Frage 86

Also, ich würde mich nicht mehr auf die Typen vom Arbeitsamt verlassen. Heutzutage ist man als Techniker doch nichts wert. Ich würde auf jeden Fall einen kaufmännischen Beruf lernen, dann könnte ich jetzt ruhiger in die Zukunft sehen.

Gelungene Antwort auf Frage 86

Im Großen und Ganzen bin ich sehr zufrieden. Vielleicht würde ich beim nächsten Mal schneller in die Fortbildung zum Industriemeister gehen. Andererseits möchte ich die Erfahrungen als Mechatroniker im Handwerk auch nicht missen. Gerade im Bereich der Fehlersuche habe ich dort viel gelernt, was mir heute noch bei der Anleitung von Produktionsteams hilft.

Ungünstige Antwort auf Frage 87

Ich möchte zuerst einmal diesen Job haben, und privat gibt es natürlich auch noch einige Dinge, die besser werden müssen, aber ich glaube, das gehört nicht hierher.

Gelungene Antwort auf Frage 87

Beruflich möchte ich noch den einen oder anderen Schritt machen. Beispielsweise könnte ich mir vorstellen, meine Aufgaben im Einkauf auch auf den internationalen Einkauf auszuweiten. Da ich schon erste Erfahrungen in der Einbindung von Lieferanten habe, würde mich auch ein zeitlich begrenzter Auslandsaufenthalt in Zulieferwerken interessieren. Privat bin ich zufrieden, wenn alles so bleibt, wie es momentan ist.

Ungünstige Antwort auf Frage 88

Ich weiß nicht so recht, ich glaube, dass mit den ganzen Schulungen auch übertrieben wird. Ich könnte mir höchstens vorstellen, noch ein bisschen Italienisch zu lernen. Das kann man im Urlaub immer gut gebrauchen.

Gelungene Antwort auf Frage 88

Dazulernen kann man immer. Ich habe mich auch privat um Seminare im Rhetorikbereich gekümmert. Schön wäre es, einmal ein Seminar zur Reklamationsbearbeitung zu besuchen. Auch der Marketing- und Verkaufsförderungsbereich interessiert mich, um mein Wissen im Verkauf auszuweiten.

Motivationsfähigkeit
Fragen

89. Worauf sind Sie stolz?

Ihre Antwort: ....

90. Was hat Sie in der Stellenausschreibung besonders angesprochen?

Ihre Antwort: ....

91. Wo wollen Sie in fünf Jahren stehen?

Ihre Antwort: ....

92. Wie lange brauchen Sie für die Einarbeitung?

Ihre Antwort: ....

Motivationsfähigkeit Antworten

Ungünstige Antwort auf Frage 89

Ich bin stolz auf meinen Sohn, er bringt meistens gute Noten nach Hause.

Gelungene Antwort auf Frage 89

Stolz bin ich darauf, dass ich durch Verbesserungsvorschläge Bedienungsfehler an unseren Werkstattmaschinen ausräumen konnte. Durch das Anbringen von Schutzeinrichtungen sind Fehlbedienungen jetzt so gut wie ausgeschlossen. Gefreut habe ich mich auch darüber, dass ich in eine bereichsübergreifende Gruppe zum Qualitätsmanagement berufen worden bin.

Ungünstige Antwort auf Frage 90

Dass ich hier vor Ort Arbeit finden kann. Ich würde ungern umziehen. Bei der heutigen Lage auf dem Immobilienmarkt werde ich mein Haus sicherlich nur mit Verlusten loswerden.

Gelungene Antwort auf Frage 90

Besonders angesprochen hat mich, dass Sie einen Marketingmitarbeiter suchen, der an dem Relaunch von Corporate Identity und Corporate Design mitarbeiten soll. Ich habe mich bereits mit CI- und CD-Fragen ausführlich beschäftigt. Unter anderem habe ich bei meinem vorherigen Arbeitgeber an der Ausarbeitung eines Unternehmensleitbildes mitgewirkt und eine Dachmarketingkampagne mitentwickelt. Die anderen in der Stellenanzeige genannten Aufgabenbereiche aus dem Tagesgeschäft beherrsche ich ebenfalls sicher.

Ungünstige Antwort auf Frage 91

Darüber habe ich mir noch keine Gedanken gemacht. Ich wäre erst mal froh, wenn das mit der Stelle klappt.

Gelungene Antwort auf Frage 91

In fünf Jahren wäre ich gerne als Referent im zentralen Marketing tätig. Ich könnte mir auch eine Position als Referent in der Unternehmenskommunikation vorstellen. In meiner jetzigen Stelle als Marketingassistent habe ich schon des Öfteren Sonderaufgaben übernommen, sodass ich mir auch gut komplexere Aufgabengebiete vorstellen kann.

Ungünstige Antwort auf Frage 92

Eine Umstellung ist es schon für mich. So einfach ist es ja nicht, sich mit den neuen Kollegen gut zu stellen. Aber ich glaube, dass ich nach einiger Zeit gut für Sie arbeiten werde können.

Gelungene Antwort auf Frage 92

Einige Aufgaben werde ich sofort übernehmen können. Dazu gehören die Kostenkalkulation, die Rechnungsüberwachung und die Angebotseinholung. Bei der Verhandlung der Konditionen und bei der Lieferantenauswahl müsste ich natürlich erst einmal durch einen Kollegen eingewiesen werden. Ich glaube, dass ich nach einer kurzen Einarbeitungsphase schnell die von Ihnen ausgeschriebenen Aufgaben bearbeiten kann.

Motivationsfähigkeit
Fragen

93. Was würden Sie am ersten Tag bei uns machen?

Ihre Antwort: ....

94. Könnten Sie sich vorstellen, auch eine andere Stelle bei uns zu übernehmen?

Ihre Antwort: ....

95. Welche Arbeitsbedingungen brauchen Sie, um optimal arbeiten zu können?

Ihre Antwort: ....

96. Wo liegt Ihre Schmerzgrenze bei Überstunden?

Ihre Antwort: ....

Motivationsfähigkeit Antworten

Ungünstige Antwort auf Frage 93

Ich würde mich orientieren, um zuerst einmal herauszufinden, wo ich überhaupt himuss. Den Rest lasse ich dann langsam auf mich zukommen.

Gelungene Antwort auf Frage 93

Ich würde zu meinem Arbeitsplatz gehen und mich zuerst einmal mit den Kollegen bekannt machen. Dann würde ich die üblichen Abläufe erfragen und mich bei meinem Vorgesetzten erkundigen, ob er bereits konkrete Arbeitsaufgaben für mich hat.

Ungünstige Antwort auf Frage 94

Na ja, wenn ich keine Chance mehr habe, die ausgeschriebene Stelle zu bekommen, könnte ich ja auch etwas anderes für Sie machen.

Gelungene Antwort auf Frage 94

Ich möchte bei der Stelle in erster Linie als Human Resource Managerin meine Stärken ins Spiel bringen. Ich könnte mir aber auch eine Tätigkeit als Personalreferentin vorstellen, da ich in diesem Bereich ebenfalls schon gearbeitet habe.

Ungünstige Antwort auf Frage 95

Mir sind ein verständnisvoller Chef und nette Kollegen wichtig.

Gelungene Antwort auf Frage 95

Wichtig ist mir, dass alle an einem Strang ziehen und ich gut in die Arbeitsabläufe eingebunden werde. Dass ich die Arbeitsmittel und Informationen erhalte, die ich für meine Arbeit brauche, ist natürlich ebenfalls wichtig.

Ungünstige Antwort auf Frage 96

Ich finde, hier wäre endlich mal die Politik gefragt. Die einen haben keine Arbeit und die anderen wissen vor lauter Überstunden nicht wohin. Das kann doch nicht immer so weitergehen.

Gelungene Antwort auf Frage 96

Ich weiß, dass es manchmal nötig ist, länger als üblich zu arbeiten. Wenn es die Arbeit erfordert, bin ich auch bereit, Überstunden zu machen. Bei einem wichtigen Inbetriebnahme-Projekt habe ich zusammen mit meinen Teamkollegen fast rund um die Uhr gearbeitet. Das sollte nicht die Regel sein, ab und zu kommen solche Herausforderungen aber auf einen zu.

Ist Ihr Selbstbild realistisch?

Die Erfahrung zeigt, dass die Bewerberinnen und Bewerber, die über eine realistische Einschätzung ihrer eigenen Person verfügen, mit den Anforderungen am neuen Arbeitsplatz besser klarkommen als diejenigen, die unbedarft in ein neues Arbeitsverhältnis hineinstolpern. Daher werden Ihnen von den Personalverantwortlichen Fragen zu Ihrem Selbstbild gestellt, und die Antworten werden anschließend mit Kontrollfragen überprüft.

Hintergrund

Bei den Fragen nach Ihrem Selbstbild geht es sowohl um die Einschätzung Ihrer individuellen beruflichen Stärken und Schwächen als auch darum zu erfahren, welches Bild Sie von sich im Umgang mit anderen Menschen haben. Im Vordergrund steht also der Abgleich von Selbst- und Fremdbild. Um den Wahrheitsgehalt Ihrer Antworten zu überprüfen, kann es passieren, dass Sie mit möglichen Brüchen im Lebenslauf oder kritischen Formulierungen aus Arbeitszeugnissen konfrontiert werden.

Typische Fehler

Personalverantwortliche würden Ihnen nicht glauben, wenn Sie behaupteten, dass Sie noch nie an Ihre eigenen Grenzen gestoßen seien oder niemals kleinere Reibereien mit Kollegen oder Vorgesetzten gehabt hätten. Gerade Bewerber, die in der letzten Stelle Schwierigkeiten mit Kollegen oder Vorgesetzten hatten, sollten aber bei Fragen zu diesem Thema darauf achten, sich nicht von ihren Emotionen überwältigen zu lassen. Sie sollten solche Fragen nicht dazu benutzen, um einmal richtig auszupacken und Dampf abzulassen. Zu viel Ehrlichkeit ist hier kontraproduktiv, denn damit können Sie kein Verständnis hervorrufen. Im Gegenteil, Sie werden selbst als Teil der geschilderten Probleme gesehen und gelten dann als schwieriger Mitarbeiter.

Negativbeispiel

Bewerber sollten bei der Frage »Wie gehen Sie mit schwierigen Kollegen um?« nicht der Versuchung erliegen, endlich einmal abzurechnen. So darf die Antwort auf keinen Fall lauten: »Leider hat man immer wieder mit schwierigen Kollegen zu tun. Schlimm genug, dass man von vielen Vorgesetzten nicht richtig unterstützt wird. Wenn dann auch noch die Kollegen immer wieder Störfeuer geben, kann man einfach nicht vernünftig arbeiten.«

Kommentar zum Negativbeispiel

Vielleicht hat der Bewerber tatsächlich schon öfter schwierige Situationen mit Kollegen und Vorgesetzten erlebt. Das Vorstellungsgespräch ist aber der falsche Platz, um auf diese Krisen der Vergangenheit ausführlich einzugehen. Ein Personalverantwortlicher wird aus dieser Antwort nur heraushören, dass der Bewerber öfter mit Vorgesetzten aneinandergerät und Probleme mit Kollegen eskalieren lässt. Zudem neigt der Kandidat zu der negativen Eigenschaft der Schuldverschiebung: Nie ist er selbst schuld, immer sind es die anderen gewesen.

Antwort-Strategie

Zeichnen Sie ein realistisches Bild von sich. Schwierige Fachaufgaben und persönliche Unstimmigkeiten gehören zum Berufsalltag mit dazu. Anstatt zu behaupten, noch nie an die eigenen Grenzen gestoßen zu sein oder kleinere Streitigkeiten mit Kollegen oder Vorgesetzten gehabt zu haben, sollten Sie lieber Ihre Fähigkeit herausstellen, in kritischen Situationen Lösungen entwickeln zu können. Stellen Sie sich als konstruktiven Menschen dar, der weiß, dass die tägliche Arbeitswelt nicht immer rosarot gefärbt ist. Überlegen Sie sich vor dem Gespräch genau, welche (ausgewählten) Schwierigkeiten Sie erwähnen, und vor allem, wie Sie sie aus der Welt geschafft haben. Schildern Sie nur typische kleinere Unstimmigkeiten, die jeder schon einmal erlebt hat. Außerdem sollten Sie sich vorab auch überlegen, wie Sie eventuelle Brüche im Lebenslauf plausibel erklären können.

Positivbeispiel

Zeigen Sie, dass Sie über ein realistisches Selbstbild verfügen, indem Sie die Frage »Wie gehen Sie mit schwierigen Kollegen um?« beispielsweise so beantworten: »Es kommt ab und an einmal vor, dass man schwierige Situationen mit Kollegen klären muss. Das gelingt auch üblicherweise. Man muss sich halt auch auf die Kollegen einstellen können. Mir ist das bisher immer gut gelungen. Beispielsweise gab es bei uns im Team einmal Differenzen über die Aufgabenverteilung. Da ich wusste, welche Aufgaben die Kollegen bevorzugen, haben wir schließlich einen Kompromiss gefunden, mit dem alle leben konnten.«

Kommentar zum Positivbeispiel

Die Antwort ist sehr geschickt, da Personalverantwortliche dem Bewerber gelebte Teamfähigkeit zurechnen werden. Dieser Bewerber weiß, dass im Berufsalltag Kompromisse im Umgang miteinander erforderlich sind. Es ist ihm klar, dass Menschen unterschiedliche Vorstellungen haben, die immer wieder einmal miteinander abgeklärt werden müssen. Mit dieser gelungenen Antwort ist der Bewerber aber nicht mehr Teil des Problems, sondern Teil der Lösung. Er liefert auf diese Weise einen Beleg dafür, dass er aktiv auf Kollegen zugehen und sie auf ein gemeinsames Vorgehen einschwören kann.

Selbstbild
Fragen

97. Was machen Sie, wenn Sie nicht weiterwissen?

Ihre Antwort: ....

98. Wo sehen Sie bei sich noch Defizite, an denen Sie arbeiten müssen?

Ihre Antwort: ....

99. Wo liegen Ihre Stärken, und welche Schwächen haben Sie?

Ihre Antwort: ....

100. Wie werden Sie auf Ihre neuen Kollegen zugehen?

Ihre Antwort: ....

Selbstbild Antworten

Ungünstige Antwort auf Frage 97

Das kommt nicht vor, mir fällt eigentlich immer etwas ein. Zur Not müssen die Kollegen einspringen.

Gelungene Antwort auf Frage 97

Dann informiere ich mich, welche Möglichkeiten es gibt, eine bestimmte Aufgabe in den Griff zu bekommen. Ich würde in einem solchen Fall Kollegen ansprechen. Manchmal ist es ratsam, Informationen aus anderen Abteilungen einzuholen. Wenn ich gar keine Informationen bekommen kann, würde ich mich nicht davor scheuen, zu meinem Vorgesetzten zu gehen.

Ungünstige Antwort auf Frage 98

Ach, wer ist schon ganz mit sich zufrieden. Ich wäre schon gerne offener gegenüber anderen Menschen. Manchmal habe ich auch den Eindruck, dass ich die Dinge immer viel zu pessimistisch sehe. Und ein paar Kilo abnehmen könnte ich auch.

Gelungene Antwort auf Frage 98

Große Defizite sehe ich bei mir nicht. Interessieren würden mich schon Spanischsprachkurse. Auch ein Rhetorikseminar würde ich gerne einmal wieder besuchen. Vor allem, um besser Reden aus dem Stehgreif halten zu können.

Ungünstige Antwort auf Frage 99

Ich stehe für Orientierung und das Machbare. Meine besonderen Stärken sind positives Denken, Optimismus ohne Blauäugigkeit und ausdauerndes Engagement. Zu meinen Schwächen gehört sicherlich, dass ich direkt und auch unbequem sein kann. Dabei bleibe ich zwar immer ehrlich, ich bin aber wohl etwas zu undiplomatisch.

Gelungene Antwort auf Frage 99

Zu meinen Stärken gehört das Arbeiten im Team. Ich habe einen guten Überblick über die Prozesse im Produktmanagement und weiß, wie ich alle Beteiligten optimal einbinden kann. Ich kann andere auch in Zeiten hohen Arbeitsanfalls mitreißen, indem ich ihnen verdeutliche, wie wichtig ihr Beitrag zum Teamergebnis ist. Daneben hat mir mein gutes Gespür für Zahlen immer geholfen, die richtigen Entscheidungen aus Marktforschungsstudien abzuleiten. Meine Schwäche ist, dass ich manchmal etwas zu direkt bin. Ich musste erst lernen, dass Abteilungsdiplomatie wichtig ist, um ein Projekt auf die Beine stellen zu können.

Ungünstige Antwort auf Frage 100

Ich hoffe, dass die neuen Kollegen mich mögen und mir keine Steine in den Weg legen werden.

Gelungene Antwort auf Frage 100

Ich werde versuchen, zu allen neuen Kollegen einen persönlichen Draht aufzubauen. Dann klappt die Zusammenarbeit gleich besser. Jeder hat so seine Lieblingsthemen, mit denen man ihn packen kann. Ich werde mich informieren, wie die Arbeit angepackt wird, und dann mitziehen, um die Aufgaben zu erledigen.

Selbstbild
Fragen

101. Was stört Sie am meisten an anderen Menschen?

Ihre Antwort: ....

102. Mit welchem Vorgesetzten/Ausbilder hatten Sie Schwierigkeiten?

Ihre Antwort: ....

103. Was erwarten Sie von Ihrem neuen Vorgesetzten?

Ihre Antwort: ....

104. Welche Erwartungen haben Sie an Ihr neues Team?

Ihre Antwort: ....

Selbstbild Antworten

Ungünstige Antwort auf Frage 101

Manche Menschen sind echte Tyrannen, die unterdrücken jegliche Eigeninitiative. Mein letzter Chef war so einer. Der war so selbstherrlich, dass er nie eine andere Meinung gelten lassen wollte.

Gelungene Antwort auf Frage 101

Jeder Mensch hat so seine Eigenarten, darauf muss man sich einstellen. Schlecht finde ich es, wenn bewusst Informationen vorenthalten werden oder Fehlinformationen gestreut werden. Mit solchen Menschen kann man nicht wirklich zusammenarbeiten.

Ungünstige Antwort auf Frage10 2

Ich hatte einen Chef, auf den man sich nie verlassen konnte. Erst wurden großzügige Versprechungen gemacht, dann nichts eingehalten. Das reinste Fähnchen im Wind. Mein Ausbilder hatte auch so seine Probleme. Insbesondere mit alkoholischen Getränken.

Gelungene Antwort auf Frage 102

Mit meinen Vorgesetzten und auch mit meinem Ausbilder bin ich immer gut zurechtgekommen. Auf den einen musste man sich etwas mehr einstellen als auf den anderen. Aber das ist mir immer gelungen. So konnte ich meinen Gruppenleiter in der Fertigung am Montag nicht wirklich ansprechen, wenn sein Lieblingsverein verloren hatte. Darauf stellt man sich dann eben ein.

Ungünstige Antwort auf Frage 103

Hauptsächlich erwarte ich, dass er mich jederzeit unterstützt.

Gelungene Antwort auf Frage 103

Ich möchte gut in die Arbeitsabläufe eingebunden werden. Am Anfang ist es besonders wichtig, sich damit vertraut zu machen, wer für welche Dinge der richtige Ansprechpartner ist. Hier wünsche ich mir Unterstützung vom Vorgesetzten.

Ungünstige Antwort auf Frage 104

Ich habe ja schon so einiges erlebt. Ich hoffe, diesmal läuft es besser und es ist ein Team, mit dem man gut zusammenarbeiten kann.

Gelungene Antwort auf Frage 104

Ich erwarte in erster Linie, dass die Bereitschaft da ist, miteinander zu arbeiten. Ich habe die Erfahrung gemacht, dass es sich lohnt, sich aktiv mit den neuen Kollegen abzustimmen. Dann entwickelt sich auch ein richtiger Teamgeist und die Arbeit klappt einfach besser.

Selbstbild
Fragen

105. Mit welchen Kollegen arbeiten Sie am liebsten zusammen?

Ihre Antwort: ....

106. Wie würden Sie Ihren Arbeitsstil beschreiben?

Ihre Antwort: ....

107. Wann ist Ihnen das letzte Mal der Kragen geplatzt, und aus welchem Anlass?

Ihre Antwort: ....

108. Worüber können Sie sich bei anderen Menschen richtig ärgern?

Ihre Antwort: ....

Selbstbild Antworten

Ungünstige Antwort auf Frage 105

Eigentlich schon lieber mit jüngeren Kollegen. Zu älteren Mitarbeitern finde ich nicht immer einen Draht, die sind oft so eingefahren in ihrer Meinung.

Gelungene Antwort auf Frage 105

Am liebsten arbeite ich mit Kollegen, die etwas erreichen wollen. Am schönsten ist es, wenn man mit Kollegen zu tun hat, die auch immer die Unternehmensinteressen im Blick behalten. Ich habe mich bisher immer gut auf meine Kollegen einstellen können.

Ungünstige Antwort auf Frage 106

Da richte ich mich nach dem Motto: So schnell wie nötig, nicht mehr als möglich.

Gelungene Antwort auf Frage 106

Schnell, effektiv und zupackend. Ich orientiere mich zuerst immer, welche Aufgaben vorrangig bearbeitet werden müssen. Komplexere Aufgaben stimme ich mit anderen Beteiligten ab, und ich bereite mich gründlich auf Meetings vor. Wert lege ich darauf, die Kollegen zu informieren und termingerecht meine eigenen Ausarbeitungen vorstellen zu können.

Ungünstige Antwort auf Frage 107

Sie glauben gar nicht, was einem in Bewerbungsgesprächen für Fragen gestellt werden. Neulich hat mich doch einer gefragt, ob ich nicht zu alt für die Stelle wäre. Das ist doch wohl eine Frechheit.

Gelungene Antwort auf Frage 107

Eigentlich platzt mir sehr selten richtig der Kragen. Es passiert aber schon einmal, dass ich verstimmt bin. Das letzte Mal, als ich mich geärgert habe, ging es um einen Praktikanten, der einfach nur seine Zeit absitzen wollte und sich für jeden Handschlag zu schade war.

Ungünstige Antwort auf Frage 108

Über die Dummheit anderer Menschen, und das kommt leider häufiger vor.

Gelungene Antwort auf Frage 108

Über Hinterhältigkeit und über destruktives Verhalten. Bewusste Täuschungsmanöver und Fehlinformationen von Kollegen würden mich sehr ärgern.

Selbstbild
Fragen

109. Was schätzen Ihre Kollegen an Ihnen?

Ihre Antwort: ...

110. Wie gehen Sie mit schwierigen Zeitgenossen um?

Ihre Antwort: ...

111. Was ist aus Ihrer Sicht wichtig, um produktiv arbeiten zu können?

Ihre Antwort: ...

112. Wie würde Ihr momentaner Chef Sie beschreiben?

Ihre Antwort: ...

Selbstbild Antworten

Ungünstige Antwort auf Frage 109

Keine Ahnung, da müssen Sie schon meine Kollegen fragen.

Gelungene Antwort auf Frage 109

Meine Kollegen würden herausstellen, dass sie bei mir immer ein offenes Ohr finden und ich bei Fragen und Problemen mit Rat und Tat zur Seite stehe. Sie würden sicherlich auch meine Verlässlichkeit betonen. Ich lasse niemanden hängen, im Gegenteil, ich habe mich in meinen früheren Stellen auch immer für meine Kollegen engagiert. Sei es im Rahmen einer Vertretung oder bei der Übernahme von Sonderaufgaben.

Ungünstige Antwort auf Frage 110

Ich lasse sie auflaufen.

Gelungene Antwort auf Frage 110

Auch mit schwierigen Menschen muss man umgehen können. Gerade im Umgang mit Kunden erwarte ich von mir, dass ich auch die schwierigeren in den Griff bekomme. Oftmals erscheinen schwierige Kunden auch nur auf den ersten Blick als problematisch, denn meistens gibt es doch einen Ansatzpunkt, durch den man Zugang zu ihnen findet. Es ist besser, sich auf die Eigenarten von Kunden einzustellen, als ihnen das eigene Verhalten aufzwingen zu wollen. Den einen lockt man über den Preis, den anderen mit technischen Features, und den dritten über das Markenimage.

Ungünstige Antwort auf Frage 111

Man muss mich nur in Ruhe lassen, dann klappt das auch mit der Arbeit.

Gelungene Antwort auf Frage 111

Um produktiv arbeiten zu können, finde ich eine gute Einbindung ins Unternehmen wichtig. Alle Teammitglieder sollten an einem Strang ziehen. Und es sollte auch die Möglichkeit geben, eigene Ideen einbringen zu können.

Ungünstige Antwort auf Frage 112

Ich weiß nicht recht, schließlich will ich die Firma ja verlassen. Es kann ja auch sein, dass er nicht so nette Dinge über mich sagt, nur weil ich nicht mehr dabei bin.

Gelungene Antwort auf Frage 112

Er würde meine Zuverlässigkeit herausstellen. Sicher würde er auch erwähnen, dass ich gut mit den Kollegen zusammenarbeite. Vielleicht würde er auch den Erfolg herausstellen, den wir mit unserer neuen Verkaufsförderungsaktion – an der ich maßgeblich beteiligt war – hatten.

Kennen Sie Ihr Konfliktverhalten?

Nicht wenige Personalverantwortliche sind der Überzeugung, dass Menschen erst dann ihr wahres Gesicht zeigen, wenn der Wind etwas rauer wird, wenn also zwischenmenschliche Konflikte auftreten. Daher werden in Vorstellungsgesprächen neuerdings auch spezielle Fragen zum Konfliktverhalten der Bewerber gestellt. Personalverantwortliche wollen herausfinden, wie die Kandidaten mit Meinungsverschiedenheiten, Belastungen, Enttäuschungen oder sonstigen Konfliktsituationen umgehen.

Hintergrund

Bei der Arbeit lässt sich der Faktor Mensch nie völlig ausblenden. Im Gegenteil, im Zeitalter abteilungsübergreifender Projektarbeit wird es immer wichtiger, sich in kürzester Zeit auf unterschiedlichste (Fach-)Spezialisten einzustellen – und die haben nun einmal oft ihre persönlichen Eigenarten. Hinzu kommt, dass knappe Terminvorgaben und enge Zeitressourcen die Belastung jedes Einzelnen noch weiter erhöhen. Und auch der Umgang mit dem Chef ist nicht immer konfliktfrei, sodass ein konstruktives Konfliktverhalten in der heutigen Arbeitswelt immer wichtiger wird.

Typische Fehler

Wer von sich behauptet, konfliktstark zu sein, gleichzeitig aber an früheren Kollegen kein gutes Haar lässt oder an ehemaligen Vorgesetzten herumnörgelt, fällt in diesem Fragenkomplex durch. Auch derjenige, der keine Beispiele dafür liefern kann, dass er sich mit sachlicher Kritik von anderen gründlich auseinandersetzt, lässt Zweifel an seinem Konfliktverhalten aufkommen. Besonders gefürchtet sind zudem diejenigen Bewerberinnen und Bewerber, die die Gründe für berufliche oder private Fehlentwicklungen stets zuerst bei anderen und zuletzt bei sich selbst suchen.

Negativbeispiel

Ungünstig wäre es, wenn ein Bewerber auf die Frage »Halten Sie sich für konfliktfähig?« folgendermaßen antwortet: »Natürlich bin ich konfliktstark. Wenn jemand Probleme mit mir hat, soll er ruhig kommen. Ich kenne doch mein Arbeitsfeld schon viele Jahre, da kann mir keiner etwas vormachen. Bisher habe ich meine Meinung immer offensiv vertreten, das werde ich auch weiterhin so machen.«

Kommentar zum Negativbeispiel

Hier verwechselt der Bewerber Konfliktfähigkeit mit Durchsetzungsvermögen. Nicht jeder Konflikt lässt sich aber so auflösen, dass man auf seiner Position beharrt und dem Gegenüber die Stirn bietet. Der Rückzug auf die fachliche Autorität verdeutlicht dem Personalverantwortlichen, dass er hier einen Bewerber vor sich hat, der zwar ein fachlich guter Spezialist sein mag, der aber Schwierigkeiten haben wird, sich erfolgreich in ein Team zu integrieren.

Antwort-Strategie

Fragen zum Konfliktverhalten werden Sie dann mit Bravour meistern, wenn Sie typische Konfliktsituationen aus Ihrem Berufsfeld nennen können und gleichzeitig erläutern, wie Sie sie aufgelöst haben. Zeigen Sie, dass Sie vor Schwierigkeiten nicht weglaufen, sondern bereit sind, sich unangenehmen Situationen zu stellen. Betonen Sie Ihre Fähigkeit, nach Kontroversen wieder auf andere zugehen zu können, um gemeinsam konstruktive Lösungen zu entwickeln. Heben Sie hervor, dass Sie im Allgemeinen gut mit Kollegen und Vorgesetzten zurechtkommen, dass Sie aber dann, wenn es einmal zum Konflikt kommt, geeignete Lösungsmaßnahmen einsetzen.

Positivbeispiel

Eine gelungene Antwort auf die Frage »Halten Sie sich für konfliktfähig?« könnte demnach so lauten: »Auseinandersetzungen gehören zum Berufsalltag dazu. Wichtig ist nur, dass man sie produktiv nutzt. Im Vertrieb hatten wir einmal die Situation, dass Gesprächsleitfäden eingeführt werden sollten. Wir im Außendienst fanden die Vorgaben allerdings zu starr. Nach Gesprächen mit der Vertriebsleitung und dem Schulungsleiter haben wir uns dann auf den Kompromiss geeinigt, dass erfahrene Kollegen mehr Freiheiten bekamen und Berufseinsteigern die Leitfäden als Orientierungshilfe zur Verfügung gestellt wurden.«

Kommentar zum Positivbeispiel

Der Bewerber zeigt in diesem Beispiel, dass er fähig ist, schwierige Situationen konstruktiv zu lösen: Er schildert einen typischen beruflichen Konflikt aus seinem Arbeitsfeld. Seine Darstellung der Auflösung dieses Konfliktes ist gelungen, starren Haltungen, die zu einer Verhärtung der Fronten geführt hätten, gibt der Bewerber keine Chance. Alle Beteiligten können bei dieser Lösung ihr Gesicht wahren: Die Verantwortlichen für die Einführung des neuen Gesprächsleitfadens können ihre Absichten dort verwirklichen, wo es wirklich sinnvoll ist – nämlich bei Berufseinsteigern. Und die berufserfahrenen Kollegen erhalten weiterhin Freiräume, die sie sinnvoll ausfüllen können, und müssen sich nicht an starre Vorgaben halten.

Konfliktverhalten
Fragen

113. Wie gehen Sie mit beruflichen Enttäuschungen um?

Ihre Antwort: ……………………………………………………………

……………………………………………………………………………

……………………………………………………………………………

……………………………………………………………………………

……………………………………………………………………………

……………………………………………………………………………

……………………………………………………………………………

114. Fühlen Sie sich an Ihrem bisherigen Arbeitsplatz ausreichend gefördert?

Ihre Antwort: ……………………………………………………………

……………………………………………………………………………

……………………………………………………………………………

……………………………………………………………………………

……………………………………………………………………………

……………………………………………………………………………

……………………………………………………………………………

115. Glauben Sie, dass Ihr momentaner Chef Ihr berufliches Potenzial voll erkannt hat?

Ihre Antwort: ……………………………………………………………

……………………………………………………………………………

……………………………………………………………………………

……………………………………………………………………………

……………………………………………………………………………

……………………………………………………………………………

……………………………………………………………………………

116. Was hat Sie an Ihrem bisherigen Arbeitsplatz gestört? Und was haben Sie getan, um diese Störungen zu beheben?

Ihre Antwort: ……………………………………………………………

……………………………………………………………………………

……………………………………………………………………………

……………………………………………………………………………

……………………………………………………………………………

……………………………………………………………………………

……………………………………………………………………………

Konfliktverhalten Antworten

Ungünstige Antwort auf Frage 113

Da kann man nichts machen, das gehört dazu. Leider wird immer wieder einiges auf dem Rücken der Belegschaft ausgetragen, was eigentlich andere zu verantworten haben.

Gelungene Antwort auf Frage 113

Echte berufliche Enttäuschungen habe ich noch nicht erlebt. Natürlich läuft nicht immer alles optimal. So fand ich es schade, dass mein Vorgesetzter mich nicht für die Projektgruppe Dachmarketing freigestellt hat. Ich bin aber am Ball geblieben und jetzt in einem abteilungsübergreifenden Projekt zur Verkaufsförderung tätig.

Ungünstige Antwort auf Frage 114

Ich hätte viel mehr erreichen können, wenn mein Chef mich mehr unterstützt hätte. Deswegen will ich die Firma ja auch verlassen.

Gelungene Antwort auf Frage 114

Wie viele Möglichkeiten man am Arbeitsplatz hat, liegt auch immer an einem selbst. Ich habe mich von mir aus um Sonderaufgaben und Projektmitarbeit gekümmert. Natürlich ist es meinem direkten Vorgesetzten wichtig, dass vorrangig die Aufgaben in der Abteilung bearbeitet werden. Ich konnte ihm aber deutlich machen, dass ich selbstverständlich weiterhin gute Arbeit für ihn leiste und zusätzlich etwas für den Ruf der Abteilung machen kann.

Ungünstige Antwort auf Frage 115

Ich habe manchmal den Eindruck, dass in unserer Abteilung vieles so nebeneinanderher läuft. Auf jeden Fall wirkt mein Chef häufiger überfordert, um seine Mitarbeiter kümmert er sich nur wenig.

Gelungene Antwort auf Frage 115

Mein Vorgesetzter weiß, dass er sich auf mich verlassen kann. Ich habe auch schon des Öfteren besondere Aufgaben für ihn erledigt. Daraus schließe ich, dass er mein Potenzial kennt und schätzt.

Ungünstige Antwort auf Frage 116

Darüber mache ich mir keine Gedanken. Es ist zwar nicht immer wirklich angenehm. Aber so ist das bei der Arbeit nun einmal. Ändern kann man daran nichts.

Gelungene Antwort auf Frage 116

Als ich meine damalige Stelle angetreten habe, gab es nicht viel Austausch zwischen uns im Service und der Entwicklung. Ich habe meinen Vorgesetzten darauf angesprochen. Dieser hat uns ermuntert, Kontakte herzustellen. Wir haben es dann zusammen geschafft, alle 14 Tage ein Treffen für einen besseren Erfahrungsaustausch auf die Beine zu stellen.

Konfliktverhalten
Fragen

117. Was gefällt Ihnen nicht an Ihrem bisherigen Vorgesetzten?

Ihre Antwort: ....

118. Woran merken Ihre Kollegen, dass Ihre Geduld erschöpft ist?

Ihre Antwort: ....

119. Was würde einer Ihrer Teamkollegen an Ihnen kritisieren?

Ihre Antwort: ....

120. Wie gehen Sie mit Kritik um?

Ihre Antwort: ....

Konfliktverhalten
Antworten

Ungünstige Antwort
auf Frage 117

Da gibt es einiges. Er ist sehr ungeduldig, zum Teil auch aufbrausend. Dabei hat ihm die Personalabteilung schon zweimal ein Führungskräfteseminar spendiert.

Gelungene Antwort
auf Frage 117

Ich komme mit meinem Vorgesetzten gut aus. Wie alle Menschen hat auch er seine persönlichen Eigenarten. Aber darauf kann man sich gut einstellen. Er neigt zwar dazu, sehr hohe Forderungen zu stellen. Aber das bringt letztlich die Abteilung auch weiter.

Ungünstige Antwort
auf Frage 118

Ich weiß nicht recht, manchmal geht es einfach so nicht weiter wie bisher. In solchen Momenten stelle ich mich auch schon einmal stur. Die Kollegen wundern sich dann.

Gelungene Antwort
auf Frage 118

Ich finde, dass man es den Kollegen direkt sagen sollte, wenn man der Meinung ist, dass etwas falsch läuft. Nur darauf zu warten, dass die Kollegen von selbst darauf kommen, dass etwas nicht stimmt, ist zu wenig – und schadet letztlich auch dem Unternehmen.

Ungünstige Antwort
auf Frage 119

Ich hoffe doch nicht allzu viel. Aber man weiß ja nie, was die Kollegen so von einem denken.

Gelungene Antwort
auf Frage 119

Vielleicht, dass ich nicht so gerne zehn Mal über den gleichen Punkt rede. Ich weiß ja, dass es richtig ist, sich miteinander abzustimmen. Aber ich habe es auch ganz gerne, wenn es vorwärts geht.

Ungünstige Antwort
auf Frage 120

Offen und ehrlich, das wird ja auch von einem erwartet.

Gelungene Antwort
auf Frage 120

Ich höre mir genau an, was an Kritik geäußert wird. Kritik kann einen ja auch weiterbringen. Sie sollte allerdings auch konstruktiv vorgetragen werden. Wenn ich das Gefühl habe, dass ich ungerechtfertigt kritisiert werde, suche ich das persönliche Gespräch unter vier Augen. So lassen sich die allermeisten Verstimmungen beilegen.

Konfliktverhalten
Fragen

121. Wie reagieren Sie, wenn Sie ungerechtfertigt kritisiert werden?

Ihre Antwort: ...

122. Wie verhalten Sie sich in unangenehmen Situationen?

Ihre Antwort: ...

123. Können Sie uns eine Situation nennen, in der Sie eine andere Meinung als Ihre Kollegen hatten, und erklären, wie Sie diese Meinungsverschiedenheit aufgelöst haben?

Ihre Antwort: ...

124. Unter welchen Bedingungen macht Ihnen die tägliche Arbeit Freude?

Ihre Antwort: ...

Konfliktverhalten Antworten

Ungünstige Antwort auf Frage 121

Dann beziehe ich Position und gehe offensiv dagegen an.

Gelungene Antwort auf Frage 121

Ich versuche die Kritik auszuräumen. Am besten mit einem persönlichen Gespräch, in dem ich mich erkundige, was denn eigentlich los ist. Ungerechtfertigte Kritik kann ich mir natürlich nicht gefallen lassen.

Ungünstige Antwort auf Frage 122

Unangenehme Situationen versuche ich generell zu vermeiden.

Gelungene Antwort auf Frage 122

Auch unangenehmen Situationen sollte man sich stellen. Ich weiß noch, wie aufgeregt ich war, als ich mein erstes Reklamationsgespräch zu führen hatte. Es gibt auch heute noch Situationen, die belastender sind als andere. Meine berufliche Erfahrung hilft mir aber dabei, diese Situationen in den Griff zu bekommen.

Ungünstige Antwort auf Frage 123

Oh ja, das kommt öfter vor. Ich versichere mich dann immer der Unterstützung meines Vorgesetzten. Damit habe ich die Kollegen bisher ganz gut in den Griff bekommen.

Gelungene Antwort auf Frage 123

Bei der Einführung eines Customer-Relationship-Management-Systems gab es bei uns in der Serviceabteilung große Vorbehalte gegen dieses System, weil Berichte doppelt ins System eingegeben werden sollten. Meine Kollegen haben gegen diese Mehrbelastung protestiert und sich einfach nicht an die neue Vorgabe gehalten. Ich war zwar auch nicht begeistert von den doppelten Arbeitsschritten, habe aber dafür plädiert, das Gespräch mit der IT-Abteilung zu suchen, und mich bereit erklärt, als Kontaktperson zu fungieren. Die Entwickler haben es dann geschafft, uns ein Tool zu programmieren, das unnötige Arbeit vermeidet.

Ungünstige Antwort auf Frage 124

Wenn alles läuft, die Kollegen und der Chef gut gelaunt sind und nicht allzu viel Arbeit anliegt.

Gelungene Antwort auf Frage 124

Die Arbeit macht mir dann Spaß, wenn ich etwas erreichen kann. Das können vereinbarte Arbeitsziele sein, aber auch insgesamt eine positive Firmenentwicklung.

Konfliktverhalten
Fragen

125. Was bringt Sie im Arbeitsalltag auf die Palme?

Ihre Antwort: ...

126. Mit welchen Eigenschaften von Kollegen haben Sie echte Schwierigkeiten?

Ihre Antwort: ...

127. Unter welchen Umständen würden Sie unsere Firma wieder verlassen?

Ihre Antwort: ...

128. Bei wem holen Sie sich in konfliktträchtigen Situationen Rat?

Ihre Antwort: ...

Konfliktverhalten
Antworten

Ungünstige Antwort
auf Frage 125

Unsinnige Arbeitsanweisungen von oben, die Chefs haben ja oft keine Ahnung vom Tagesgeschäft.

Gelungene Antwort
auf Frage 125

Wenn persönliche Befindlichkeiten wichtiger werden als die eigentlichen Aufgaben. Es ärgert mich schon, wenn Einzelne durch ihre Blockadehaltung ein vernünftiges Teamergebnis verhindern.

Ungünstige Antwort
auf Frage 126

Bei einigen Kollegen habe ich den Eindruck, dass sie nur darauf aus sind, mich zu ärgern. Manche stellen sich absichtlich dumm, andere geben den ewigen Besserwisser. Es ist dann manchmal schon schwer, bei solchen Kollegen ruhig zu bleiben.

Gelungene Antwort
auf Frage 126

Ich komme mit meinen Kollegen prinzipiell gut zurecht. Der eine oder andere hat schon seine Eigenheiten. Aber darauf kann man sich einstellen. Man muss halt wissen, wie man die Kollegen zu nehmen hat und welche Themen man wann anschneiden kann.

Ungünstige Antwort
auf Frage 127

Wenn die Bezahlung nicht mehr stimmt oder ich merke, dass die Firma in eine wirtschaftliche Schieflage gerät. Dann ist es meiner Meinung nach besser, schnell zu wechseln.

Gelungene Antwort
auf Frage 127

Wenn für meine Arbeitsleistung durch Umstrukturierungen oder sonstige Änderungen kein Bedarf mehr ist, würde ich sicherlich nicht an meinem Arbeitsplatz kleben. Arbeit ist schließlich kein Selbstzweck, sondern sollte auch Sinn machen.

Ungünstige Antwort
auf Frage 128

Ich komme schon ganz gut alleine zurecht, ich habe dann den Ehrgeiz, die Situation selbst zu meistern.

Gelungene Antwort
auf Frage 128

Das kommt auf die Situation an. Bei fachlichen Fragen gibt es eigentlich immer Spezialisten, die einem schnell weiterhelfen können, auch wenn man sie manchmal außerhalb der eigenen Abteilung suchen muss. Gibt es persönliche Schwierigkeiten, dann traue ich mir eigentlich zu, sie auch selbst wieder aufzulösen. Manchmal kann dabei aber auch der Austausch mit Kollegen oder Bekannten hilfreich sein.

Wie entschärfen Sie Stressfragen und unzulässige Fragen?

Bei Stressfragen ist die Firmenseite häufig nur in zweiter Linie an der eigentlichen Antwort des Bewerbers interessiert. An erster Stelle steht vielmehr die Art und Weise, wie der Bewerber antwortet. Das Gleiche gilt auch für den Umgang mit eigentlich nicht zulässigen Fragen, die von Personalverantwortlichen ebenfalls als Stressfragen eingesetzt werden können und in einigen speziellen Fällen auch gestellt werden dürfen – dazu gleich mehr.

Hintergrund

Auch wenn Bewerberinnen und Bewerber häufig das gesamte Vorstellungsgespräch als permanenten Stress empfinden, ist nicht jede Frage auch gleich eine Stressfrage. Echte Stressfragen werden aus verschiedenen Gründen gestellt. Personalverantwortliche setzen sie beispielsweise ein, wenn die bisherigen Antworten der Bewerber nicht überzeugen konnten und jetzt durch gezieltes Nachfragen noch einmal überprüft werden sollen. So manche Stressfrage wird aber auch eingestreut, um zu sehen, wie der Bewerber auf ungewöhnliche Fragen reagiert oder mit zusätzlichem Druck umgeht.

Unzulässige Fragen

Fragen zu Kinderwunsch, Schwangerschaft, Vorstrafen, Lohnpfändungen oder zu Konfessions-, Partei- oder Gewerkschaftszugehörigkeit sind grundsätzlich unzulässig, und Sie müssen dann in der Regel auch nicht wahrheitsgemäß antworten. Sie dürfen aber dann gestellt werden, wenn die Information für die zukünftige Arbeit unabdingbar ist. Beispielsweise ist die Frage nach einer bestehenden Schwangerschaft erlaubt, wenn mit fruchtschädigenden Substanzen im Labor gearbeitet werden soll. Wenn der Arbeitgeber ein sogenannter Tendenzbetrieb ist – also ein kirchlicher Träger, eine Parteistiftung, ein Arbeitgeberverband oder ein Gewerkschaftsbund –, sind Fragen nach einer entsprechenden Mitgliedschaft zulässig.

Typische Fehler

Stressfragen werden von Personalprofis gerne als »kleiner Soft-Skill-Test« genutzt. Die Reaktionen der Bewerber zeigen schnell, wie es um ihre angeblich vorhandenen Soft Skills wie beispielsweise Belastbarkeit, Kommunikationsstärke oder auch Konfliktfähigkeit in der Praxis bestellt ist. Wer deshalb auf Stressfragen patzig reagiert, nur noch trotzig schweigt oder kämpferisch betont, dass die Frage schon aus arbeitsrechtlichen Gründen unzulässig ist, stellt sich selbst ins Abseits. Denn wenn zwischen dem Bewerber und den an der Einstellungsentscheidung beteiligten Personen auf der Firmenseite erst einmal Kampfstimmung aufgekommen ist, ist der Kandidat aus dem Rennen.

Negativbeispiel

Eine Bewerberin bewirbt sich um eine Stelle im Verkauf und wird vom Personalverantwortlichen mit folgender unzulässiger Frage konfrontiert: »Wie steht es um Ihren Kinderwunsch?« Ihre folgende Antwort ist dann leider ungünstig: »Sie wissen, dass diese Frage unzulässig ist, daher werde ich sie auch nicht beantworten.«

Kommentar zum Negativbeispiel

Die Bewerberin ist zwar im Recht, sollte sich aber dennoch versöhnlicher geben. So erweckt sie den Eindruck, dass sie zur Sturheit neigt, und das wiederum könnte kontraproduktiv im Umgang mit Kunden sein. Denn auch die werden ab und an einmal unsinnige Fragen stellen, auf die es gelassen zu reagieren gilt.

Antwort-Strategie

Zeigen Sie mit Ihrem Antwortverhalten, dass Sie sich nicht so schnell aus der Ruhe bringen lassen. Reagieren Sie auf Provokationen, Suggestivfragen oder Unterstellungen nicht mit Kampfrhetorik. Unfaire Angriffe seitens der Personalprofis laufen ins Leere, wenn Sie Ihr diplomatisches Geschick einsetzen und geduldig und freundlich antworten. Zeigen Sie Ihren Gesprächspartnern noch einmal, dass Sie wissen, was Sie beruflich können und was Sie wollen. Sie sollten auch Ihre Körpersprache gezielt einsetzen, um Ihre Souveränität zu unterstreichen. Halten Sie bei Ihren Antworten Blickkontakt zu den Fragestellern und lehnen Sie sich im Stuhl immer wieder einmal zurück, um körperliche Verspannungen aufzulösen.

Positivbeispiel

Souveräner könnte die Bewerberin auf die Frage »Wie steht es um Ihren Kinderwunsch?« folglich mit dieser Antwort reagieren: »Die Kinderfrage stellt sich mir momentan nicht. Ich möchte bei Ihnen gerne im Verkauf arbeiten und Ihre Kunden beraten. Das steht für mich absolut im Vordergrund.«

Kommentar zum Positivbeispiel

Diese Antwort ist viel geschickter als die schroffe Zurückweisung im Negativbeispiel. Kurz und knackig hakt die Bewerberin die Stressfrage ab und behält dabei gleichzeitig die Gesprächssituation im Blick – schließlich geht es darum zu überprüfen, ob sie wirklich eine Arbeit im Verkauf annehmen möchte. Da die Bewerberin dies bejaht und ihre Freude an der Kundenberatung noch einmal betont, wird der Personalverantwortliche zufrieden sein.

Stressfragen und unzulässige Fragen
Fragen

129. Sind Sie sicher, dass Sie zu uns passen?

Ihre Antwort: ......

130. Sie haben mich noch nicht überzeugt: Warum sollten wir gerade Sie einstellen?

Ihre Antwort: ......

131. Sie waren nicht lange bei Ihrem letzten Arbeitgeber: Welche Sicherheit haben wir, dass Sie uns nicht auch nach kurzer Zeit gleich wieder verlassen?

Ihre Antwort: ......

132. Jetzt mal ganz unter uns: Warum wollen Sie wirklich von Ihrem momentanen Arbeitgeber weg?

Ihre Antwort: ......

Stressfragen und unzulässige Fragen Antworten

Ungünstige Antwort auf Frage 129

Warum sitze ich sonst hier?

Gelungene Antwort auf Frage 129

Ich bin mir eigentlich sehr sicher, dass ich die neuen Aufgaben gut in den Griff bekommen werde. Auch bei meinem bisherigen Arbeitgeber war ich schon zuständig für die Realisierung der Absatzziele, wie beispielsweise die Neukundengewinnung und die Betreuung von Distributionskanälen. Ich habe mich über die von Ihnen angebotenen Produkte informiert und bin überzeugt davon, dass ich mit Ihnen zusammen Markterfolge generieren werde.

Ungünstige Antwort auf Frage 130

Ja, schade, dass Sie diese Meinung haben. Viel mehr kann ich Ihnen jetzt über mich auch nicht mehr sagen. Ich habe ja schon die Ausführungen zu meinen bisherigen Aufgaben gemacht. Es ist nun einmal so, dass ich nicht der Einzige bin, der Berufserfahrung im Einkauf mitbringt.

Gelungene Antwort auf Frage 130

Weil ich umfassende Erfahrungen im internationalen Einkauf mitbringe. Außerdem kenne ich den Zulieferermarkt sehr gut. Auch bei meinem letzten Arbeitgeber habe ich durch eine bessere Zuliefererintegration die Produktionskosten senken können. Zudem habe ich massive Einsparungen im Einkauf realisiert. Diese Erfolge würde ich gerne in Ihrem Unternehmen wiederholen.

Ungünstige Antwort auf Frage 131

Das lag aber nicht an mir, mit dem Vorgesetzten war einfach nicht gut Kirschen essen. Die innovativen Ideen, die ich eingebracht habe, hat er stets abgeschmettert, sodass ich gar keine Gelegenheit hatte, mein kreatives Potenzial ins Spiel zu bringen.

Gelungene Antwort auf Frage 131

Sie haben Recht, in der letzten Stelle habe ich nur acht Monate gearbeitet. Davor war ich jedoch vier Jahre auf der gleichen Position bei einer anderen Firma tätig. Ich wäre auch gerne länger beim letzten Arbeitgeber geblieben. Wegen einer internen Umstrukturierung stand jedoch mein Arbeitsplatz infrage, sodass ich mich entschlossen habe, mich nach einer neuen Firma umzusehen.

Ungünstige Antwort auf Frage 132

Dazu muss ich Ihnen sagen, dass es in meiner jetzigen Firma drunter und drüber geht. Die rechte Hand weiß nicht, was die linke tut. Eigentlich wundert es mich, dass es so lange gut gegangen ist. Jetzt kommt auch noch ein neuer Vorgesetzter, da verabschiede ich mich doch lieber rechtzeitig.

Gelungene Antwort auf Frage 132

Ich schätze meinen momentanen Arbeitgeber. Dort habe ich meine berufliche Entwicklung vorantreiben können. Für mich ist es aber wichtig, meine Berufserfahrung nun in einem anderen Zusammenhang und in einer neuen Firma einzusetzen. Ich möchte jetzt, mit den fünf Jahren Berufserfahrung, die ich gesammelt habe, noch einmal neu durchstarten.

Stressfragen und unzulässige Fragen
Fragen

133. Steht bei Ihnen in nächster Zeit nicht erst einmal die Kinderplanung auf dem Programm?

Ihre Antwort: ...

134. Sind Sie in der Stelle nicht hoffnungslos überfordert?

Ihre Antwort: ...

135. Ist die ausgeschriebene Stelle nicht ein echter Abstieg für Sie?

Ihre Antwort: ...

136. Mal ganz im Vertrauen: Man hat Ihnen doch die Kündigung nahegelegt, oder?

Ihre Antwort: ...

Stressfragen und unzulässige Fragen Antworten

Ungünstige Antwort auf Frage 133

Ich glaube nicht, dass das Ihre Sorge sein sollte. Selbst wenn ich schwanger werde, werde ich das schon irgendwie organisiert bekommen. Außerdem dürfen Sie diese Frage gar nicht stellen.

Gelungene Antwort auf Frage 133

Ich habe mit meinem Partner über dieses Thema gesprochen, wir sind uns beide einig, dass für uns die berufliche Entwicklung im Vordergrund steht. Wenn ich diese Entwicklung jetzt bei Ihnen fortsetzen könnte, würde mich das sehr freuen.

Ungünstige Antwort auf Frage 134

Ach, ein bisschen Optimismus muss doch sein. Es wird doch überall nur mit Wasser gekocht, das wird schon klappen.

Gelungene Antwort auf Frage 134

Viele der Aufgaben, die Sie mir beschrieben haben, habe ich schon in meiner bisherigen beruflichen Laufbahn kennen gelernt. Daher weiß ich, was auf mich zukommt. Ich freue mich auf die neuen Aufgaben.

Ungünstige Antwort auf Frage 135

In meinem Alter ist die Auswahl an geeigneten Stellen nicht mehr so groß. Ich kann natürlich mehr, als von Ihnen verlangt wird, aber vielleicht kann ich Sie ja im Laufe der Zeit davon überzeugen, mir eine verantwortungsvollere Aufgabe zu übertragen.

Gelungene Antwort auf Frage 135

Das sehe ich nicht so. Schließlich werde ich auch in der neuen Stelle interessante Aufgaben zu bearbeiten haben. Ich habe schon unterschiedliche Positionen in meinem Berufsleben wahrgenommen. Ich bin mir sicher, dass ich mich in der neuen Stelle und mit den neuen Aufgaben wohlfühlen werde.

Ungünstige Antwort auf Frage 136

Na ja, bevor man mich offiziell auffordert zu gehen, gehe ich lieber von alleine.

Gelungene Antwort auf Frage 136

Nein, meine Firma weiß bisher nichts von meinen Wechselabsichten. Für dieses Gespräch habe ich mir einen Tag Urlaub genommen. Ich könnte auch bei meinem jetzigen Arbeitgeber bleiben. Die von Ihnen ausgeschriebene Stelle interessiert mich aber wegen der Möglichkeit, zusätzliche Verantwortung übernehmen zu können.

Stressfragen und unzulässige Fragen
Fragen

137. Was ist in Ihrem Leben so wichtig, dass berufliche Dinge hinten anstehen müssen?

Ihre Antwort: ……………………………………………………………………………………………

138. Was war in Ihrem Leben Ihr größter Fehler?

Ihre Antwort: ……………………………………………………………………………………………

139. Hätten Sie Ihre beruflichen Ziele nicht auch schneller erreichen können?

Ihre Antwort: ……………………………………………………………………………………………

140. Angenommen, Sie hätten 60 Tage Urlaub im Jahr: Womit würden Sie sich in dieser Zeit beschäftigen?

Ihre Antwort: ……………………………………………………………………………………………

Stressfragen und unzulässige Fragen
Antworten

Ungünstige Antwort auf Frage 137

Meine Gesundheit.

Gelungene Antwort auf Frage 137

Ich arbeite gerne und nutze gleichzeitig meine Freiräume aktiv. Daher kann ich mir nur schwer etwas vorstellen, was sich nicht mit meiner Berufstätigkeit vereinbaren lässt.

Ungünstige Antwort auf Frage 138

Ich hätte doch studieren sollen, aber es war einfach damals eine andere Zeit. Meine Eltern wollten, dass ich zuerst einmal etwas Anständiges lerne. In diesem Beruf bin ich dann hängen geblieben. Jetzt ist es doch etwas zu spät, das Verpasste nachzuholen.

Gelungene Antwort auf Frage 138

Ich bin mit meinem Leben zufrieden. Einen richtig großen Fehler kann ich Ihnen gar nicht nennen. Vielleicht wäre es für mich interessant gewesen, eine Zeit lang im Ausland tätig zu sein. Diese Möglichkeit hat sich aber bisher nicht ergeben.

Ungünstige Antwort auf Frage 139

Wenn ich früher schon das gewusst hätte, was ich heute weiß, hätte ich bestimmt mehr erricht. Dass Klappern so stark zum Handwerk gehört, war mir früher nicht klar. Wenn ich wie meine Kollegen öfter mal haltlose Versprechungen gemacht hätte, wäre ich heute wahrscheinlich einen Schritt weiter.

Gelungene Antwort auf Frage 139

Eigentlich nicht, es sei denn, es wären außergewöhnlich glückliche Umstände eingetreten. So habe ich mir meine berufliche Entwicklung stetig erarbeitet und bin damit auch sehr zufrieden.

Ungünstige Antwort auf Frage 140

Ich würde einiges machen, was zur Zeit liegen bleibt. Am Haus müssten einige Renovierungsarbeiten ausgeführt werden, und meine Frau liegt mir auch schon seit Jahren mit dem Wunsch nach einem Wintergarten in den Ohren.

Gelungene Antwort auf Frage 140

Am Haus müsste einiges gemacht werden, und dann würde ich mich vor allem um eine weitere Fremdsprache kümmern, vielleicht Spanisch. Man könnte diesen Sprachkurs ja auch in Spanien oder Mexiko machen, dann wäre gleich etwas Urlaub mit dabei.

Stressfragen und unzulässige Fragen
Fragen

141. Was halten Sie von diesem Satz: Es gibt Menschen, die trinken den Kaffee lieber schwarz, wenn die Milch beim Chef steht?

Ihre Antwort: ....

142. Wenn Sie eine Million Euro im Lotto gewinnen würden: Was würden Sie machen?

Ihre Antwort: ....

143. Warum konnten Sie das Ruder bei Ihrer Firma nicht herumreißen?

Ihre Antwort: ....

144. Duschen oder baden Sie lieber?

Ihre Antwort: ....

Stressfragen und unzulässige Fragen
Antworten

Ungünstige Antwort auf Frage 141

Ja, es gibt viele Anpasser und Duckmäuser. Nur wenige trauen sich doch, dem Chef einmal zu widersprechen. Das liegt aber daran, dass die meisten Vorgesetzten auch nicht wirklich mit Kritik umgehen können.

Gelungene Antwort auf Frage 141

So etwas soll es geben. Ich persönlich finde es ja besser, ein gutes Verhältnis zum Vorgesetzten zu pflegen. In meiner Abteilung klappt die Zusammenarbeit sehr gut, was auch den Chef mit einbezieht.

Ungünstige Antwort auf Frage 142

Dann würde ich mir diesen ganzen Stress nicht mehr antun.

Gelungene Antwort auf Frage 142

Es würde sich eigentlich gar nicht so viel ändern. Natürlich würde ich mich freuen, weil das Geld für eine Immobilie in guter Lage da ist. Die Kinder würden auch davon profitieren. Ich würde aber auf jeden Fall ganz normal weiterleben wie bisher.

Ungünstige Antwort auf Frage 143

Manchmal kann man predigen, was und so viel man will, und stößt trotzdem nur auf taube Ohren. Dann müssen die anderen eben aus dem Schaden klug werden.

Gelungene Antwort auf Frage 143

Ich habe im Rahmen meiner Möglichkeiten versucht, Verbesserungsvorschläge zu machen und Änderungen herbeizuführen. Bis zuletzt ist unsere Abteilung ja auch gut gelaufen. Alles andere lag nicht in meiner Hand.

Ungünstige Antwort auf Frage 144

Wollen Sie jetzt wissen, ob ich ein Schaumschläger oder ein Ressourcensparer bin? Dann muss ich mich wohl für das Duschen entscheiden.

Gelungene Antwort auf Frage 144

Morgens habe ich es eilig, also dusche ich.

Können Sie Vorurteile entkräften?

Es gibt Bewerbergruppen, die es in Vorstellungsgesprächen schwerer haben als andere. Das gilt beispielsweise für Bewerber, die häufiger den Arbeitgeber gewechselt haben, für jüngere, ältere oder arbeitslose Bewerber sowie für Bewerberinnen, die nach einer Erziehungszeit wieder ins Berufsleben zurückkehren möchten.

Hintergrund

Wenn Personalverantwortliche davon ausgehen, dass Bewerber in der zu vergebenden Stelle mit bestimmten Vorurteilen fertig werden müssen, nehmen sie diese kritischen Situationen gerne vorweg. Dann werden die Bewerber bereits im Vorstellungsgespräch mit den Vorurteilen konfrontiert, mit denen sie auch am späteren Arbeitsplatz kämpfen werden müssen. Die Reaktionen der Bewerber auf die ihnen gegenüber geäußerten Vorurteile und ihre Fähigkeit, diese Voreingenommenheiten zu entkräften, sind für die Personalverantwortlichen dann ein Einstellungskriterium.

Typische Fehler

Wer sich auf Grundsatzdiskussionen über Vorurteile einlässt, hat schon verloren. Die Klischees vom jungen Bewerber, der zu wenig Berufserfahrung hat, vom alten Bewerber, der nicht mehr bereit ist, sich auf Neues einzustellen, vom arbeitslosen Bewerber, der den Anschluss nicht mehr findet, oder auch vom Bewerber aus den neuen Bundesländern, der Schwierigkeiten mit seinen »Ostwurzeln« hat, sollten Sie auf keinen Fall bestätigen. Und zwar weder durch ein brüskes Zurückweisen der Frage noch durch eine dem Vorurteil zustimmende Antwort.

Negativbeispiel

Ein älterer Bewerber sollte dementsprechend auf die Frage »Sind Sie nicht zu alt, um sich noch die Reisetätigkeit, die mit dieser Stelle verbunden ist, anzutun?« nicht so antworten: »Ich hatte mir das auch anders vorgestellt, schließlich hieß es bei meiner alten Firma immer ›Nun übernehmen Sie mal die überregionalen Einsätze, das wird Sie hier im Unternehmen weiterbringen.‹ Passiert ist aber nichts. Eigentlich wollte ich jetzt nur noch in Ausnahmefällen reisen.«

Kommentar zum Negativbeispiel

Es ist durchaus verständlich, dass der Bewerber nicht mehr in der Gegend herumreisen will – mit seiner Ehrlichkeit schießt er aber ein Eigentor. Selbst wenn er guten Willens ist, die Anstrengungen der Reisetätigkeit auf sich zu nehmen, wird der Personalverantwortliche dieser Antwort entnehmen, dass der Bewerber sich überfordert fühlt. Damit bestätigt der Kandidat Vorurteile gegenüber älteren Bewerbern: Der Personalverantwortliche muss annehmen, dass sich der Bewerber inzwischen zu alt fühlt, um noch überregional eingesetzt werden zu können.

Antwort-Strategie

Sie sollten den gängigen Klischees vielmehr auf positive Weise entgegentreten: Entkräften Sie Vorurteile, mit denen Sie konfrontiert werden, indem Sie Ihr individuelles berufliches Profil in den Mittelpunkt Ihrer Antworten stellen. Verdeutlichen Sie, dass Sie mit den neuen Aufgaben klarkommen werden, weil Sie über die dafür notwendigen beruflichen Erfahrungen verfügen. Machen Sie ebenfalls anhand von Beispielen klar, dass Sie bereits in der Vergangenheit mit allen Kollegen gut zurechtgekommen sind – mit gewerblichen Mitarbeitern genauso wie mit Akademikern, mit älteren genauso wie mit jüngeren und mit westdeutschen genauso wie mit ostdeutschen Kollegen.

Positivbeispiel

Besser wäre es, die Frage »Sind Sie nicht zu alt, um sich noch die umfangreiche Reisetätigkeit, die mit dieser Stelle verbunden ist, anzutun?« folgendermaßen zu beantworten: »Ich weiß, dass die neue Stelle auch Reisetätigkeit mit sich bringt. Dazu bin ich auch gerne bereit. Schließlich habe ich auch für meinen jetzigen Arbeitgeber schon vielfältige überregionale Einsätze wahrgenommen.«

Kommentar zum Positivbeispiel

Im Vorstellungsgespräch ist es wichtig, nicht an bestimmten Vorurteilen zu rühren. Dies beherzigt der Bewerber diesmal auch in seiner Antwort. Er geht gar nicht auf die Altersfrage ein, sondern führt stattdessen aus, dass er mit den Anforderungen der neuen Stelle vertraut ist. Damit stellt er sein berufliches Profil, zu dem auch bisher schon die Reisetätigkeit gehörte, und nicht sein Alter in den Mittelpunkt seiner Antwort. Diese Taktik wird ihn weiterbringen und die Personalverantwortlichen überzeugen, denn wenn sie den Bewerber wirklich für zu alt hielten, hätten sie ihn gar nicht eingeladen. Letztlich zählt, wie der Bewerber sich selbst einschätzt.

Vorurteile
Fragen

145. Warum haben Sie den Arbeitgeber so oft gewechselt? Können Sie sich nicht anpassen?

Ihre Antwort: ...

146. Sie sind jetzt seit acht Monaten arbeitslos: Werden Sie mit den Anforderungen im neuen Job überhaupt noch zurechtkommen?

Ihre Antwort: ...

147. Ihren Universitätsabschluss haben Sie bereits vor zehn Monaten gemacht: Warum haben Sie immer noch keine Stelle gefunden?

Ihre Antwort: ...

148. Glauben Sie nicht, dass Sie zu jung sind für diese anspruchsvolle Position?

Ihre Antwort: ...

Vorurteile Antworten

Ungünstige Antwort auf Frage 145

Das hat doch mit mir gar nichts zu tun. Heutzutage gehen die Firmen halt so schnell in Insolvenz. Und dass man mal Ärger mit dem Vorgesetzten hat, kommt eben auch vor.

Gelungene Antwort auf Frage 145

Ich bedauere das auch. Für jeden Wechsel gab es allerdings einen Grund, der außerhalb meiner Einflussmöglichkeiten lag. Das eine Mal ist die Firma plötzlich insolvent geworden, das andere Mal gab es eine Übernahme mit anschließendem Personalabbau. In jeder Position habe ich aber zusätzliche Erfahrungen sammeln können, die mir im Endeffekt zugute kamen.

Ungünstige Antwort auf Frage 146

Mit Ihrer Hilfe werde ich es sicherlich schaffen, mich wieder in den geregelten Berufsalltag zu integrieren. Es ist ja nicht so, dass ich nicht will. Man hat mir nur bisher keine Chance gegeben.

Gelungene Antwort auf Frage 146

Ich bin mir da sicher. Schließlich kann ich auf mehrere Jahre Berufserfahrung und eine gute Ausbildung zurückblicken. Auch während der Zeit meiner Arbeitssuche bin ich aktiv geblieben und habe meine PC-Kenntnisse weiter ausgebaut.

Ungünstige Antwort auf Frage 147

Ich hätte bei verschiedenen Unternehmen als unbezahlter Praktikant einsteigen können. Dafür habe ich aber nicht studiert.

Gelungene Antwort auf Frage 147

Ich hatte mir den Einstieg auch leichter vorgestellt. Insbesondere, da ich ja auch schon praktische Erfahrungen gesammelt habe. Der Arbeitsmarkt für Marketingspezialisten ist recht eng geworden. Da ich meine internationale Erfahrung auch bei einem international aufgestellten Arbeitgeber einbringen wollte, habe ich mich auch gezielt nur dort beworben. Das hat den Einstieg verzögert.

Ungünstige Antwort auf Frage 148

Das finde ich interessant, dass Sie mich das jetzt fragen. Schließlich hört man doch immer, dass deutsche Absolventen zu alt sind. Ich habe mich bemüht, schnell mit dem Studium fertig zu werden, und das soll jetzt nichts wert sein?

Gelungene Antwort auf Frage 148

Nein, ich habe mich mit geeigneter Schwerpunktbildung im Studium und mit passenden Praktika auf die Übernahme von anspruchsvollen Aufgaben vorbereitet. Während meiner Diplomarbeit habe ich auch als Diplomand in einem Unternehmen gearbeitet. Die Zusammenarbeit mit älteren Kollegen hat hervorragend geklappt, und die sehr guten Ergebnisse haben mir gezeigt, dass ich mit der Projektleitung gut zurechtkomme.

Vorurteile
Fragen

149. Wie gehen Sie mit älteren Kollegen um, die über mehr Erfahrung als Sie verfügen?

Ihre Antwort: ....

150. Fühlen Sie sich in Ihrem Alter überhaupt noch den beruflichen Herausforderungen gewachsen?

Ihre Antwort: ....

151. Sie waren viel im Ausland. Sind Sie überhaupt noch in der Lage, hier in Deutschland zu arbeiten?

Ihre Antwort: ....

152. Bisher haben Sie im Innendienst gearbeitet, nun wollen Sie in den Außendienst: Welche Gewissheit haben wir, dass Sie durchhalten?

Ihre Antwort: ....

Vorurteile
Antworten

Ungünstige Antwort auf Frage 149

Es ist manchmal schon schwer mit älteren Kollegen. Ich habe des Öfteren erlebt, dass bei Älteren ein großes Beharrungsvermögen besteht. Ich versuche dann, neue Dinge um die älteren Kollegen herum zu erledigen, und vermittle ihnen den Glauben, dass alles so bleibt, wie es ist.

Gelungene Antwort auf Frage 149

Ich habe bisher immer gut mit älteren Kollegen zusammengearbeitet. Wenn man aktiv auf ältere Kollegen zugeht, kann man von ihrer Erfahrung durchaus profitieren. Grundsätzlich pflege ich mit älteren Kollegen den gleichen Teamgeist wie mit jüngeren.

Ungünstige Antwort auf Frage 150

Natürlich, gerade wir Älteren sind doch viel belastbarer als die Jungen. Wir wissen noch, was es heißt, richtig zu arbeiten.

Gelungene Antwort auf Frage 150

Aufgrund meiner beruflichen Erfahrungen weiß ich, was in der neuen Stelle auf mich zukommt. Ich werde wie bisher mit vollem Einsatz überzeugen. So habe ich ja auch in den letzten Jahren Umstrukturierungen begleitet, die ein hohes Maß an persönlichem Engagement erforderten.

Ungünstige Antwort auf Frage 151

Was spricht denn dagegen? Mit meinen Auslandsaufenthalten habe ich doch die geforderte Flexibilität bewiesen, oder?

Gelungene Antwort auf Frage 151

Während meiner Tätigkeit im Ausland habe ich stets den Kontakt zu den Kollegen in Deutschland gehalten. Es gab ständig Abstimmungsaufgaben, die mit der Zentrale in Deutschland geklärt werden mussten. Darüber hinaus habe ich vor meiner Tätigkeit im Ausland ja auch viele Jahre in Deutschland gearbeitet.

Ungünstige Antwort auf Frage 152

Wenn ich mir ansehe, was die Kollegen im Außendienst so machen, glaube ich nicht, dass mir diese Aufgaben irgendwelche Schwierigkeiten bereiten werden.

Gelungene Antwort auf Frage 152

Meine Entscheidung habe ich bewusst gefällt. Ich habe im Innendienst viel Kaltakquise gemacht. Der Aufbau von Kundenkontakten und die Betreuung bestehender Kundenkreise sind mir vertraut. Natürlich weiß ich, dass von mir eine bestimmte Anzahl von Kundenbesuchen am Tag erwartet wird und dass diese Besuche auch einmal abends gemacht werden müssen. Aber diese Aufgaben traue ich mir ohne weiteres zu.

Vorurteile
Fragen

153. Ihr Vorgänger auf dieser Position kam wie Sie aus Köln zu uns nach Leipzig. Er hat nach drei Monaten alles hingeschmissen. Warum glauben Sie, dass Ihnen das nicht passieren wird?

Ihre Antwort: ...

154. Wie gehen Sie als Rostocker damit um, wenn beispielsweise Kollegen in der Kantine in Ihrem Beisein »Ossiwitze« erzählen?

Ihre Antwort: ...

155. In Ihrem Lebenslauf steht, dass Sie zwei schulpflichtige Kinder haben: Wie soll das mit der Arbeit gehen, wenn Ihre Kinder krank sind?

Ihre Antwort: ...

156. Sie waren jetzt wegen der Kinder sieben Jahre aus dem Berufsleben heraus: Glauben Sie, dass Sie sich überhaupt noch zurechtfinden?

Ihre Antwort: ...

Vorurteile
Antworten

Ungünstige Antwort auf Frage 153

Ob Köln oder Leipzig, wichtig ist doch, dass man gute Arbeit macht. Ich werde bestimmt durchhalten.

Gelungene Antwort auf Frage 153

Es kann einem durchaus passieren, dass man in anderen Regionen auf Mentalitätsunterschiede trifft. Ich habe mich aber schon einige Male in neuen Städten gut eingelebt. Wichtig ist, glaube ich, dass man von sich auf die neuen Kollegen zugeht und ihnen Wertschätzung entgegenbringt.

Ungünstige Antwort auf Frage 154

Das brauche ich mir nicht bieten zu lassen. Dafür gibt es ja wohl den Betriebsrat.

Gelungene Antwort auf Frage 154

Ich lache herzlich, und werde im Zweifelsfall wahrscheinlich mehr Ossiwitze zum Besten geben können als meine Kollegen. Miteinander lachen stärkt den Teamgeist.

Ungünstige Antwort auf Frage 155

Das stelle ich mir lieber nicht vor. Bisher hatten sie eigentlich eine ganz stabile Gesundheit. Ich hoffe, dass das so bleibt.

Gelungene Antwort auf Frage 155

Ich habe schon im Vorhinein geklärt, was ich in so einer Situation machen werde. Meine Schwiegermutter kann für einige Tage die Kinder betreuen, und auch eine Freundin von mir wäre bereit, ein paar Tage einzuspringen. Bisher musste ich glücklicherweise nicht auf die beiden zurückgreifen.

Ungünstige Antwort auf Frage 156

Ich war mir auch etwas unsicher, aber in meinem Bekanntenkreis hat man mir versichert, dass sich im Sekretariat gar nicht so viel geändert hat – außer, dass es jetzt Backoffice heißt.

Gelungene Antwort auf Frage 156

Ich habe ständig den Kontakt zur Berufspraxis gehalten. Beispielsweise durch Urlaubsvertretungen, aber auch durch Gespräche mit ehemaligen Kolleginnen. Daneben habe ich durch verschiedene Kurse meine PC-Kenntnisse aufgefrischt und erweitert und mich auch mit Internet- und Intranet-Anwendungen beschäftigt.

Wie führen Sie Ihre Mitarbeiter?

Dieses Kapitel ist für Sie nur dann interessant, wenn Sie sich um eine Position im Management bewerben. Hier geht es darum, die eigenen Führungsqualitäten zu beweisen. Denn wenn Stellen mit Führungsverantwortung neu besetzt werden, wird die Firmenseite im Vorstellungsgespräch natürlich erfahren wollen, wie es um die Führungsfähigkeiten des Bewerbers bestellt ist.

Hintergrund

Führungskräfte sollen vorrangig sicherstellen, dass ihre Mitarbeiter Zielvorgaben einhalten. Im Führungsalltag kommt es dabei immer wieder zu Widerständen, Zielkonflikten und anderen Störungen. Im Vorstellungsgespräch will man nun herausbekommen, wie die Bewerber um Führungspositionen derartige Probleme in der Vergangenheit bewältigt haben. Darüber hinaus wird auch überprüft, ob die Bewerber ausreichend Erfahrung mit den unangenehmen Seiten des Führungsalltags haben – wozu beispielsweise Kritikgespräche oder Kündigungen zählen.

Typische Fehler

Auch wenn man berücksichtigen sollte, dass die Führungskultur je nach Firma variiert, hat sich doch bei der Mehrzahl der Firmen ein persönlich-wertschätzender und zielorientierter Führungsstil durchgesetzt. Deshalb können Führungskräfte, die im Vorstellungsgespräch den Eindruck erwecken, dass sie sich bei aufkommenden Problemen hinter ihrer formalen Position verstecken und bevorzugt durch Anordnungen von oben herab handeln, in der Regel nicht überzeugen. Auch wenn die Antworten vermuten lassen, dass der Bewerber seine künftigen Mitarbeiter nicht motivieren kann, auf gründliche Problemanalysen verzichtet und kein eigenes Engagement bei der Auflösung schwieriger Situationen zeigt, wird er den angestrebten Führungsjob nicht bekommen.

Negativbeispiel

Führungskompetenz lässt sich mit der Frage »Wie setzen Sie Unternehmensentscheidungen durch?« überprüfen. Mit der folgenden Antwort fällt der Kandidat leider durch: »Ich gebe klare und direkte Anweisungen. Überflüssige Diskussionen vermeide ich. Schließlich muss jedem klar sein, dass der eigene Arbeitsplatz auch am Unternehmenswohl hängt.«

Kommentar zum Negativbeispiel

Mit Befehlen und Anordnungen lässt sich heutzutage nicht mehr wirkungsvoll führen. Personalverantwortliche reagieren in der Regel sehr allergisch, wenn sie aus den Antworten von Bewerbern heraushören, dass über die Köpfe der Mitarbeiter hinweg geführt wird. In Zeichen flacher Hierarchien und abteilungsübergreifender Projektarbeit sind selbstherrliche Abteilungskönige ein Störfaktor im Unternehmen. Da Führungsfehler zu Missstimmungen und in letzter Konsequenz auch zu einer hohen Mitarbeiterfluktuation führen, bedeuten sie letztlich Mehrarbeit für die Personalabteilung. Darauf können Personalverantwortliche gut verzichten – und damit auch auf den Bewerber.

Antwort-Strategie

Um bei den Fragen zur Führungserfahrung zu überzeugen, sollten Sie sich ausreichend Beispiele für gelungene Führungsaufgaben überlegen und auch überzeugende Belege dafür geben können, wie Sie typische Konflikte aufgelöst haben. Lassen Sie erkennen, dass Sie zwar die Zügel in der Hand halten, Ihren Mitarbeitern aber grundsätzlich Wertschätzung und Vertrauen entgegenbringen. Zeigen Sie auf, dass Sie über ein ausgeprägtes Arsenal an Führungsmethoden verfügen. Dazu gehört das erfolgreiche Führen von Mitarbeitergesprächen genauso wie das Einschwören des Teams auf neue Unternehmensziele in Abteilungsmeetings. Geht es in der neuen Stelle auch um Projektleitungen, sollten Sie Beispiele dafür geben, dass Sie auch abteilungsübergreifende Teams zielorientiert führen können.

Positivbeispiel

Dass ein Bewerber den Führungsalltag überzeugend gestaltet, kann er mit der folgenden Antwort auf die Frage »Wie setzen Sie Unternehmensentscheidungen durch?« eindrucksvoll belegen: »Mir ist es immer wichtig, Entscheidungen auch nachvollziehbar zu machen. Der einzelne Mitarbeiter sollte wissen und verstehen, warum ich eine bestimmte Leistung von ihm einfordere. Bei mir hat es sich bewährt, mit Zielvereinbarungen zu führen: Ich vereinbare klar definierte Ziele. Dabei achte ich auf das Potenzial der Mitarbeiter, um sie weder zu über- noch zu unterfordern. Den Fortschritt der Arbeit kontrolliere ich mit Zwischenberichten. Wenn es sich anbietet, stelle ich das bisher Geleistete in Meetings auch in einen Gesamtkontext, sodass die Mitarbeiter erkennen können, dass ihre Arbeit das Unternehmen auch wirklich voranbringt.«

Kommentar zum Positivbeispiel

Hier präsentiert sich der Bewerber als erfahrene Führungskraft. Er schafft den schwierigen Spagat zwischen zu hartem und zu weichem Vorgehen. Es wird deutlich, dass er zu jedem Zeitpunkt das Heft in der Hand behält, aber dennoch darauf achtet, dass seine Mitarbeiter ihr individuelles Potenzial einbringen können. Doch dieser Bewerber ist nicht nur ein guter Kommunikator und Organisator, er erhöht auch die Motivation seiner Mitarbeiter, indem er Teilerfolge in Meetings präsentiert. Die Mitarbeiter fühlen sich dadurch ernst genommen und werden bereit sein, auch in Zukunft ihr Bestes zu geben.

Mitarbeiterführung
Fragen

157. Über welche Führungserfahrung verfügen Sie?

Ihre Antwort: ....

158. Was zeichnet für Sie gute Mitarbeiterführung aus? Nennen Sie mir bitte drei Erfolgsfaktoren!

Ihre Antwort: ....

159. Nach welchen Führungsprinzipien handeln Sie?

Ihre Antwort: ....

160. Was würden Ihre bisherigen Mitarbeiter an Ihnen positiv bewerten, was würden sie kritisieren?

Ihre Antwort: ....

Mitarbeiterführung Antworten

Ungünstige Antwort auf Frage 157	Ich verfüge über eine natürliche Autorität, deswegen war mir schon immer klar, dass ich die Führungslaufbahn einschlagen werde.
Gelungene Antwort auf Frage 157	Ich habe schon bis zu sechs Mitarbeiter direkt geführt. In Projekten waren mir mittelbar bis zu elf Mitarbeiter zusätzlich zugeordnet. Daher weiß ich aus eigener Erfahrung, welche Anforderungen im Führungsalltag gestellt werden.
Ungünstige Antwort auf Frage 158	Erstens Durchsetzungsvermögen, zweitens Respekt und drittens Vorbildcharakter.
Gelungene Antwort auf Frage 158	Generell würde ich sagen: die Fähigkeit zur Bündelung von Kräften auf ein bestimmtes Ziel. Mit der Mitarbeiterführung durch Zielvereinbarungen habe ich gute Erfahrungen gemacht. Dazu gehört es erstens, Potenziale bei Mitarbeitern erkennen zu können. Zweitens gilt es, mit einer guten Verteilung der Aufgaben dieses Potenzial auszuschöpfen. Und drittens müssen durch geeignete Feedback-Instrumente die Anstrengungen noch auf das zu erreichende Ziel ausgerichtet werden.
Ungünstige Antwort auf Frage 159	Ich glaube, dass Menschlichkeit, ausgedrückt durch Intuition und Einfühlungsvermögen, der ganz wesentliche Faktor einer situativen Führung ist. Starres Führungsverhalten sollte zugunsten von flexiblem Handeln zurücktreten. Menschenkenntnis kann man dabei nur begrenzt lernen. Ein gewisses Maß an natürlicher Führungskompetenz sollte deshalb schon mitgebracht werden.
Gelungene Antwort auf Frage 159	Ich habe mit dem Führen durch Zielvereinbarungen gute Erfahrungen gesammelt. Mitarbeiter wissen es zu schätzen, wenn man ihnen klare Ziele vorgibt, ihnen aber Freiheit bei der Ausführung der Aufgaben einräumt. Wichtig ist, dass man hinter seinen Mitarbeitern steht und sich auch selbst engagiert, um die Dinge in die gewünschte Richtung voranzutreiben.
Ungünstige Antwort auf Frage 160	Das käme darauf an, welchen Mitarbeiter Sie fragen würden. Man hat ja doch immer den einen oder anderen Querulanten im Team. Ich glaube, die meisten wären sehr zufrieden mit mir, andere wohl eher nicht, aber das muss man als Führungskraft aushalten können.
Gelungene Antwort auf Frage 160	Meine Mitarbeiter würden positiv bewerten, dass ich ihnen stets mit Rat und Tat zur Seite stehe, dass sie Freiräume haben, die sie nutzen können, und dass sie sich auf mich verlassen können. Manchmal stöhnen sie schon, wenn ich in kurzer Zeit Ergebnisse sehen will. Aber sie wissen auch, dass ich ihnen keine unerreichbaren Ziele setze.

Mitarbeiterführung
Fragen

161. Schildern Sie uns bitte den letzten Konflikt, den Sie mit einem Mitarbeiter hatten: Wie haben Sie den Konflikt aufgelöst?

Ihre Antwort: ....

....

....

....

....

....

....

162. Wie motivieren Sie Ihre Mitarbeiter?

Ihre Antwort: ....

....

....

....

....

....

....

163. Welchen Ruf hat Ihre Abteilung/Ihr Team im Unternehmen?

Ihre Antwort: ....

....

....

....

....

....

....

164. Wie hat sich Ihr Führungsstil in den vergangenen Jahren verändert?

Ihre Antwort: ....

....

....

....

....

....

....

Mitarbeiterführung
Antworten

Ungünstige Antwort auf Frage 161

Ja, da gab es einen Mitarbeiter, der ständig widersprochen hat, da half nach Kritik und Abmahnung letztlich nur die Kündigung. Allerdings hat er dann auf Wiedereinstellung geklagt, und wir konnten nichts anderes tun, als ihn mit unwichtigen Aufgaben kaltzustellen.

Gelungene Antwort auf Frage 161

Konflikte gehören dazu. Wichtig ist, wie man damit umgeht. Den letzten Konflikt hatte ich mit einem jüngeren Mitarbeiter, der sich überfordert fühlte. Das hat er allerdings nicht gesagt. Er meinte, die Kollegen würden ihn schneiden. Ich habe dann sowohl mit ihm als auch mit den Kollegen gesprochen. Schließlich habe ich dem neuen Mitarbeiter einen erfahrenen Mentor zur Seite gestellt. Nach einiger Zeit kam er dann auch gut selbst mit seinen Aufgaben klar.

Ungünstige Antwort auf Frage 162

Motivation ist ein komplexer, wechselseitiger Prozess mit vielen Variablen. So sagt zumindest die Managementliteratur. Da findet sich doch keiner mehr zurecht. Letztlich geht es doch darum, auch noch im nächsten Monat sein Gehalt auf dem Konto zu haben. Das motiviert doch genug.

Gelungene Antwort auf Frage 162

Ich lege Wert darauf, dass meine Mitarbeiter immer wissen, warum sie etwas tun. Die größte Demotivation entsteht dann, wenn Mitarbeitern ihre Aufgaben sinnlos erscheinen. In regelmäßigen Abständen veranstalte ich deshalb Meetings, in denen ich meinen Mitarbeitern die aktuellen Unternehmensziele verdeutliche und ihnen darlege, was sie zur Zielerreichung beitragen können.

Ungünstige Antwort auf Frage 163

Keinen besonderen Ruf, wir tun, was zu tun ist, und legen uns nur selten mit anderen Abteilungen an.

Gelungene Antwort auf Frage 163

Einen guten Ruf. Es ist bekannt, dass bei uns in der Abteilung hart gearbeitet wird, dass aber stets ein fairer Umgang miteinander herrscht. Ich glaube sogar, dass einige neidisch auf die gute Arbeitsatmosphäre bei uns sind.

Ungünstige Antwort auf Frage 164

Ich glaube, ich bin ein bisschen altersmilde geworden. Früher habe ich öfter mal dazwischengehauen, wenn mir etwas nicht passte. Jetzt halte ich mich auch schon einmal bewusst zurück.

Gelungene Antwort auf Frage 164

Ich kann heute noch besser auf unterschiedliche Typen von Mitarbeitern zugehen. Das, was ich beim Berufseinstieg noch als Trotzreaktion von Mitarbeitern gedeutet habe, kann ich jetzt besser einordnen. Oft ist es einfach Unsicherheit, manchmal Überforderung, zum Teil sind es private Probleme. Echte Verweigerung ist es nur in Ausnahmefällen. Daher habe ich mir einen flexiblen Umgang mit den Mitarbeitern im Führungsalltag angewöhnt, jeder will eben anders angepackt werden.

Mitarbeiterführung
Fragen

165. Wie stellen Sie einwandfreie Mitarbeiterergebnisse sicher?

Ihre Antwort: ....

166. Über welche Eigenschaften müsste Ihr Stellvertreter verfügen, um mit der Leitungsfunktion zurechtzukommen?

Ihre Antwort: ....

167. Haben Sie schon einmal einem Mitarbeiter gekündigt? Wie sind Sie vorgegangen beziehungsweise wie würden Sie vorgehen?

Ihre Antwort: ....

168. Wie reagieren Sie, wenn ein Mitarbeiter Zielvorgaben nicht einhält?

Ihre Antwort: ....

Mitarbeiterführung Antworten

Ungünstige Antwort auf Frage 165

Ich würde mich freuen, wenn das von alleine klappen würde. In der Realität muss ich aber meinen Mitarbeitern mehr über die Schulter gucken, als mir lieb ist.

Gelungene Antwort auf Frage 165

Zuerst einmal stelle ich sicher, dass meine Mitarbeiter und ich auch die gleichen Ziele haben, wenn wir an die Arbeit gehen. Ich lasse mir Zwischenberichte erstatten, um zu sehen, ob sich einer meiner Mitarbeiter verrennt. Korrekturmaßnahmen kann ich dann, falls nötig, rechtzeitig ergreifen. So erreiche ich die gewünschten Ergebnisse.

Ungünstige Antwort auf Frage 166

Er müsste nur ungefähr wissen, wie es in der Abteilung läuft. Er braucht mich ja nicht komplett zu ersetzen. Zuverlässigkeit und Ehrlichkeit sind natürlich unabdingbar.

Gelungene Antwort auf Frage 166

Er müsste ergebnisorientiert handeln, über eine gute Orientierung im Unternehmen verfügen, Organisationstalent haben und von sich aus auf andere zugehen können. Ein Gespür für die Stärken und Bedürfnisse der Mitarbeiter wäre sicherlich auch vonnöten.

Ungünstige Antwort auf Frage 167

Das lässt sich nicht immer vermeiden. Ich versuche dann, diese unangenehme Aufgabe so schnell wie möglich hinter mich zu bringen.

Gelungene Antwort auf Frage 167

Ja, ich musste auch schon Mitarbeitern kündigen. Einmal war Personalabbau dringend nötig, um die Schlagkraft des Unternehmens wiederherzustellen. Ich habe Einzelgespräche geführt, in denen ich die Situation des Unternehmens erläutert habe. Den Mitarbeitern habe ich geraten, ihre Stärken offensiv in die Bewerbungen bei anderen Firmen mit einzubringen. Es war sicherlich keine angenehme Aufgabe. Ich konnte aber dennoch ein gewisses Verständnis für diese Maßnahmen bei den Betroffenen erzielen.

Ungünstige Antwort auf Frage 168

Dann ist er falsch an diesem Arbeitsplatz. Man muss sehen, wer die Verantwortung für diese Fehlbesetzung trägt. Auch die Personalabteilung muss sich da einmal kritische Fragen gefallen lassen.

Gelungene Antwort auf Frage 168

Da ich bei Arbeitsaufgaben auch die Teilziele kontrolliere, merke ich meist recht schnell, wenn etwas nicht läuft. Im Gespräch mit dem Mitarbeiter kläre ich dann die Gründe. Fehlen Informationen? Ist die Aufgabe zu komplex? Fehlt das Know-how? Oder blockt der Mitarbeiter einfach ungeliebte Aufgaben ab? Wenn ich mir dann Klarheit verschafft habe, erkläre ich dem Mitarbeiter, wie er die vorgegebenen Ziele künftig erreichen kann.

Mitarbeiterführung
Fragen

169. Ein guter Mitarbeiter stellt Sie vor die Wahl: Entweder Sie erhöhen sein Gehalt oder er wird kündigen. Ihr Personaletat ist aber schon völlig ausgereizt. Was würden Sie machen?

Ihre Antwort: ....

170. Welche Erfahrungen konnten Sie bisher im Projektmanagement sammeln?

Ihre Antwort: ....

171. Welche Unterschiede sehen Sie zwischen der Leitung einer Abteilung und einer Projektleitung?

Ihre Antwort: ....

172. In welchen Situationen haben Sie Entscheidungsschwierigkeiten?

Ihre Antwort: ....

Mitarbeiterführung Antworten

Ungünstige Antwort auf Frage 169

Ich verspreche ihm, dass ich zu gegebener Zeit über eine Gehaltserhöhung nachdenken werde. Ansonsten bitte ich ihn, sich nicht so anzustellen. Die Zeiten sind nun einmal hart, und wir können uns alle keine Extras aus den Rippen schneiden.

Gelungene Antwort auf Frage 169

Eigentlich neigen gute Mitarbeiter nicht zu Erpressungen. Ein möglicher Weg wäre es, zusammen mit dem Mitarbeiter und der Personalabteilung einen Entwicklungsplan zu vereinbaren. Mit der Übernahme zusätzlicher Aufgaben könnte dann eine Gehaltserhöhung verbunden sein. Darauf würde ich allerdings nicht den Schwerpunkt legen. Ich würde dem Mitarbeiter eher die Vorteile einer beschleunigten beruflichen Entwicklung näherbringen.

Ungünstige Antwort auf Frage 170

Das kommt darauf an, was man unter Projektmanagement versteht. Mit komplexeren Aufgaben habe ich durchaus schon zu tun gehabt. Es war zwar anstrengend, aber ich könnte mir durchaus vorstellen, noch einmal Projekte zu leiten.

Gelungene Antwort auf Frage 170

Ich habe schon die Verantwortung für Projektaufgaben übernommen. Das beinhaltet die Zeitplanung, die Ressourcenplanung und natürlich auch die Einhaltung der Budgets. Es ging dabei um Qualitätsmaßnahmen, die von mir mit anderen Abteilungen besprochen und umgesetzt wurden. Wir konnten mit den von mir verantworteten Maßnahmen dann deutliche Verbesserungen erzielen.

Ungünstige Antwort auf Frage 171

In der Abteilung müssen die Mitarbeiter auf mich hören. In der Projektgruppe können sie es – was die ganze Sache sehr schwierig macht. Abteilungsegoismen sind ein weiterer Störfaktor, der die Projektleitung schwieriger macht als die Abteilungsleitung.

Gelungene Antwort auf Frage 171

An Projekten sind üblicherweise unterschiedliche Abteilungen und Unternehmensbereiche beteiligt. Man muss die Sprache der Kollegen sprechen und man muss sich auf die unterschiedlichen Bedürfnisse der Beteiligten einstellen. In internationalen Projektteams muss man sich auch auf kulturelle Unterschiede einstellen. Das macht die Projektleitung zu einer komplexen, aber sehr interessanten Aufgabe. Da ich mich auch bei der Leitung meiner Abteilung auf die einzelnen Mitarbeiter und ihre persönlichen Bedürfnisse und Stärken einstelle, ist der Schritt hin zur Projektleitung aber gar nicht so groß.

Ungünstige Antwort auf Frage 172

Das kann ich mir als Führungskraft in keiner Situation leisten.

Gelungene Antwort auf Frage 172

Es ist natürlich unschön, wenn man Entscheidungen auf einer unsicheren Faktenlage treffen muss. Trotzdem muss man in der Lage sein, dann sagen zu können, wie es weitergeht. Schließlich wird von mir als Führungskraft Entschlusskraft eingefordert. Dem werde ich auch gerne gerecht.

Welche Gehaltsvorstellungen haben Sie?

Auch wenn im Vorstellungsgespräch zunächst Fragen zu Ihrem beruflichen Profil, zu Ihrer Selbstmotivation oder Ihrer Leistungsbereitschaft im Vordergrund stehen, kommt irgendwann der Punkt, an dem es um Ihre Gehaltsvorstellungen geht. Viele Bewerber scheuen sich vor dieser Frage, da sie befürchten, zu viel zu fordern oder sich unter Wert zu verkaufen. Deswegen zeigen wir Ihnen in diesem Kapitel, wie Sie Ihre Gehaltsvorstellungen realistisch und überzeugend zum Ausdruck bringen können.

Hintergrund

Manche Bewerber wechseln die Stelle vorrangig deshalb, um einen deutlichen Gehaltssprung zu erzielen. Andere Bewerber wären schon froh, wenn sie in der neuen Stelle noch genauso viel Gehalt bekommen würden wie in dem letzten gut bezahlten Job. Die Firmen haben beim Thema Gehalt ein ureigenstes Interesse daran, gute Kandidaten möglichst günstig »einzukaufen«. Und Bewerber sind natürlich daran interessiert, den eigentlich immer vorhandenen Verhandlungsspielraum möglichst optimal auszunutzen.

Typische Fehler

Bewerber, die Gehaltsverhandlungen losgelöst von ihrem beruflichen Profil führen, machen es sich unnötig schwer. Schließlich ist eine Gehaltsverhandlung nicht einfach ein Abgleich unterschiedlicher Zahlenkolonnen, sondern die gemeinsame Einschätzung darüber, was der Bewerber für die Firma in der nächsten Zeit leisten wird. Es reicht dabei nicht aus, sich auf den Lorbeeren der Vergangenheit auszuruhen. Frühere Erfolge spielen zwar eine Rolle im Gehaltsgespräch, aber vom Bewerber muss immer wieder herausgearbeitet werden, auf welche Weise er künftig erfolgreich arbeiten wird. Ein weiterer Kardinalfehler ist die Unkenntnis über üblicherweise gezahlte Gehälter in vergleichbaren Positionen. Gewinnt die Firmenseite den Eindruck, dass der Bewerber seinen »Marktwert« nicht kennt, wird ihm unterstellt, dass er auch im späteren Berufsalltag Schwierigkeiten damit haben wird, anspruchsvolle Aufgabenstellungen gründlich vorzubereiten.

Negativbeispiel

Auf die Frage »Sind Sie Ihr Gehalt wert?« sollten Bewerber nicht überrascht reagieren. Folgende Antwort wäre dementsprechend sehr ungünstig: »Diese Frage kann ich eigentlich nicht so richtig beantworten. Das entscheide ja nicht ich, sondern der Arbeitgeber.«

Kommentar zum Negativbeispiel

Mit seiner Antwort lässt der Bewerber eine wichtige Chance verstreichen, um zum Abschluss des Gespräches noch einmal sein berufliches Profil ins Spiel zu bringen. Er zeigt sich auch schlecht vorbereitet, denn anscheinend ist ihm nicht bekannt, wie der Gehaltsrahmen für die von ihm angestrebte Position aussieht.

Antwort-Strategie

Informieren Sie sich vor dem Gespräch über die in Ihrer Branche und für Ihre Position üblichen Gehälter. Hierbei können Sie auf das Internet zurückgreifen. Geben Sie in eine Suchmaschine Ihre Position und das Stichwort »Gehalt« ein. Üblicherweise werden Sie auf eine ausreichende Zahl von Treffern stoßen. Setzen Sie dann in Gehaltsverhandlungen voll auf Ihr individuelles Profil. Liefern Sie Belege dafür, wie Sie Arbeitsprozesse effizienter organisiert haben, Qualitätsverbesserungen herbeigeführt haben, Vertriebsziele erreicht haben, Projekte zum Abschluss gebracht haben, Kollegen eingearbeitet oder vertreten haben oder Sonderaufgaben übernommen haben. Planen Sie bei Ihren Gehaltsvorstellungen auch einen ausreichenden Verhandlungsspielraum ein, damit Sie Ihrem Gesprächspartner etwas entgegenkommen können.

Positivbeispiel

Vorbereitete Bewerber lassen sich mit der Frage »Sind Sie Ihr Gehalt wert?« nicht aus dem Konzept bringen. So könnte eine überzeugende Antwort aussehen: »Ich glaube schon. Schließlich bewegt sich mein Gehaltswunsch im Rahmen der üblicherweise gezahlten Summe für die ausgeschriebene Position. Ich beherrsche das Tagesgeschäft in der Vertriebsunterstützung sicher, ich habe bereits Kataloge und Werbeträger aktualisiert, Verkaufsstatistiken aufbereitet und Direktmarketingaktionen betreut. Daneben bringe ich aber auch zusätzliche Erfahrungen in der Messeorganisation und der Realisierung von Promotion-Events mit.«

Kommentar zum Positivbeispiel

Diesmal ergreift der Bewerber seine Chance. Er kennt sein berufliches und individuelles Profil und streicht noch einmal wesentliche Punkte heraus. Schließlich steht der Gehaltswunsch nicht im luftleeren Raum, sondern ist an die Bewältigung konkreter Aufgaben gekoppelt. Mit seiner Antwort verdeutlicht der Bewerber dem Personalverantwortlichen, dass er einen echten Gegenwert für sein Gehalt bietet. Er beherrscht das Tagesgeschäft sicher und bringt darüber hinaus auch besondere Erfahrungen in der Messeorganisation und im Event-Marketing mit.

Gehaltsvorstellungen
Fragen

173. Wo liegen Ihre Gehaltsvorstellungen?

Ihre Antwort: ....

174. Woraus setzt sich Ihre bisherige Gehaltsstruktur zusammen?

Ihre Antwort: ....

175. Der Bewerber, der vor Ihnen auf diesem Stuhl saß, hat 20 Prozent weniger als Sie verlangt. Warum sollte ich mich jetzt für Sie entscheiden?

Ihre Antwort: ....

176. Was haben Sie in Ihrer bisherigen Position verdient?

Ihre Antwort: ....

Gehaltsvorstellungen Antworten

Ungünstige Antwort auf Frage 173

Ich bin mir da etwas unsicher, was würden Sie mir denn anbieten?

Gelungene Antwort auf Frage 173

Aufgrund meiner beruflichen Erfahrungen glaube ich, dass ein Brutto-Jahresgehalt von 65 000 Euro durchaus angemessen ist. Ich bin aber auch verhandlungsbereit, da mir die von Ihnen ausgeschriebene Stelle wirklich am Herzen liegt.

Ungünstige Antwort auf Frage 174

Das ist eine firmeninterne Regelung, die ich Ihnen nur widerstrebend erläutern möchte. Lassen Sie uns einfach sagen, dass ich noch etwas mehr als ein reines Fixgehalt beziehe.

Gelungene Antwort auf Frage 174

Mein Gehalt setzt sich aus einem Fixgehalt und variablen Bestandteilen zusammen. Darüber hinaus wurde mir auch ein Dienstwagen der gehobenen Mittelklasse zur Verfügung gestellt. Ich bin auch gerne weiterhin bereit, den Erfolg meiner Arbeit über Boni und Prämien honorieren zu lassen.

Ungünstige Antwort auf Frage 175

Ich bin halt der Bessere und bringe hervorragende Qualifikationen mit.

Gelungene Antwort auf Frage 175

Ich glaube, dass das Gehalt, das ich bisher erzielt habe, absolut gerechtfertigt ist. Schließlich habe ich neben meinen Aufgaben im Außendienst auch Sonderaufgaben wie die Entwicklung von Verkaufsförderungsmaßnahmen übernommen. Die von mir erzielten Umsätze lagen stets weit über dem Durchschnitt. Ich bin aber gerne bereit, meine Leistung an eine Erfolgsprämie zu koppeln.

Ungünstige Antwort auf Frage 176

Ich habe in meiner vorherigen Position ganz gut verdient, aber das waren auch andere Zeiten. Jetzt muss ich mich wohl auf einen deutlichen Abschlag einstellen.

Gelungene Antwort auf Frage 176

Bisher habe ich 42 000 Euro brutto im Jahr verdient. Hinzu kamen noch einige Prämien und die Finanzierung von Weiterbildungsmaßnahmen sowie die Möglichkeit, über die Firma Direktversicherungen abzuschließen.

Gehaltsvorstellungen
Fragen

177. Was möchten Sie bei uns verdienen?

Ihre Antwort: ....

178. Wir können Ihnen definitiv weniger zahlen als Ihr momentaner Arbeitgeber. Warum wollen Sie die Stelle trotzdem haben? Hat man Ihnen die Kündigung nahegelegt?

Ihre Antwort: ....

179. Sie scheinen Ihren Marktwert nicht realistisch einschätzen zu können, oder?

Ihre Antwort: ....

180. Wenn es nach mir ginge, würde ich Ihnen natürlich das zahlen, was Sie gerade vorgeschlagen haben. Aber Sie wissen ja, die Zeiten sind hart. Ich kann Ihnen nicht weiter entgegenkommen, was soll ich tun?

Ihre Antwort: ....

Gehaltsvorstellungen Antworten

Ungünstige Antwort auf Frage 177

Tja, wenn ich es mir aussuchen könnte, dann wahrscheinlich mehr, als Sie mir bieten werden. Aber ich bin dankbar für jedes vernünftige Angebot.

Gelungene Antwort auf Frage 177

Bisher habe ich brutto 42 000 Euro im Jahr verdient. Jetzt strebe ich ein Jahresgehalt von 46 000 Euro an. Bei den Zusatzleistungen sollten wir über die bei Ihnen üblichen Möglichkeiten reden.

Ungünstige Antwort auf Frage 178

Ehrlich gesagt läuft es schon länger nicht mehr so rund bei meinem momentanen Arbeitgeber. Da sind schon viele gegangen worden, ich will nicht der Letzte sein, der in dem Laden das Licht ausmacht.

Gelungene Antwort auf Frage 178

Für mich ist es wichtig, dass ich mit voller Kraft weiter arbeiten kann. Die von Ihnen ausgeschriebene Stelle deckt sich sehr gut mit meinen beruflichen Erfahrungen. Mir ist es wichtiger, bei Ihnen richtig mitzuarbeiten, als mit einem etwas höheren Gehalt Stillstand zu riskieren. Geben Sie mir die Chance, Sie durch Leistung zu überzeugen.

Ungünstige Antwort auf Frage 179

Dazu kann ich eigentlich nichts sagen. Man erfährt ja nur selten, was eigentlich gezahlt wird. Aber etwas Schmerzensgeld sollte bei der Arbeitsbelastung, die ich zu tragen habe, doch drin sein.

Gelungene Antwort auf Frage 179

Schade, dass ich Sie noch nicht ganz überzeugen konnte. Das von mir gewünschte Gehalt liegt zwar etwas oberhalb der gängigen Vergütung, die man für diese Position veranschlagt, dafür bringe ich aber auch eine von mir privat finanzierte Weiterbildung zum Qualitätsauditor mit. Ich spreche verhandlungssicher Englisch und kann auch auf Spanisch Einkaufsverhandlungen führen, was für Sie sicherlich von Nutzen sein wird.

Ungünstige Antwort auf Frage 180

Noch einmal alle Hebel in Bewegung setzen. Die 5 000 extra sind doch bestimmt noch irgendwo herauszuholen.

Gelungene Antwort auf Frage 180

Könnten wir uns auf eine vertraglich vereinbarte Gehaltssteigerung nach einem halben Jahr einigen? Dann könnte ich Ihnen zu dem von Ihnen vorgeschlagenen Gehalt zeigen, dass ich mein Geld wert bin.

Gehaltsvorstellungen
Fragen

181. Es gibt viele sehr gute Bewerberinnen und Bewerber, die deutlich weniger als Sie verlangen. Sind Ihre Gehaltsvorstellungen nicht etwas zu hoch?

Ihre Antwort: ....

182. Können Sie damit leben, dass wir uns jetzt auf 20 Prozent Abschlag auf Ihren Gehaltswunsch einigen und dann nach Ablauf der Probezeit weitersehen?

Ihre Antwort: ....

183. Also gut, wir bieten Ihnen einen Firmenwagen zur privaten Nutzung an, dafür kommen Sie uns beim Gehalt noch 10 Prozent entgegen. Wollen wir es so machen?

Ihre Antwort: ....

184. Sind Ihre Gehaltswünsche nicht stark überzogen?

Ihre Antwort: ....

Gehaltsvorstellungen Antworten

Ungünstige Antwort auf Frage 181

Ja, ich weiß, der Konkurrenzdruck ist hoch. Meinen Sie, ich sollte lieber etwas weniger verlangen? Vielleicht habe ich ja auch etwas hoch gegriffen mit meinen Vorstellungen.

Gelungene Antwort auf Frage 181

Ich glaube, dass meine Gehaltsvorstellungen gut begründet sind. Mit meinen Wünschen liege ich im Mittelfeld des üblicherweise gezahlten Gehalts. Durch meine Erfahrungen im Service kann ich bei Ihnen dafür gleich richtig einsteigen. Ich kenne mich in der Branche aus und habe umfassende Erfahrungen in der Fehlerbehebung vor Ort.

Ungünstige Antwort auf Frage 182

Ja, wenn es keine andere Möglichkeit gibt. Aber glücklich bin ich damit nicht.

Gelungene Antwort auf Frage 182

20 Prozent Abschlag finde ich doch recht hoch. Da sollten wir uns doch entgegenkommen und uns in der Mitte einigen. Wenn wir dann noch vertraglich fixieren, dass das Gehalt nach der Probezeit angehoben wird, bin ich mit Ihrem Vorschlag einverstanden.

Ungünstige Antwort auf Frage 183

Ich habe doch einen eigenen PKW, einen Firmenwagen brauche ich eigentlich nicht. Diese 10 Prozent werden Sie schon nicht in den Ruin treiben.

Gelungene Antwort auf Frage 183

Sehen Sie, ich muss ja auch 1 Prozent des Listenpreises des Firmenwagens im Monat versteuern. Bei meiner Steuerlast ist das nicht so günstig. Generell habe ich aber nichts gegen Ihren Vorschlag, vielleicht könnten wir uns auf einen 5-prozentigen Abschlag und den Firmenwagen einigen.

Ungünstige Antwort auf Frage 184

Ich weiß, was ich Wert bin, und es tut mir leid, dass Sie bisher noch nicht erkannt haben, dass ich ein Gewinn für die Firma wäre.

Gelungene Antwort auf Frage 184

Ich sehe das von mir geforderte Gehalt als angemessene Honorierung meiner beruflichen Leistungsfähigkeit. Im Tagesgeschäft bin ich sofort einsetzbar, da ich schon mit der von Ihnen verwendeten Software gearbeitet habe. Im Controlling habe ich auch für meine früheren Arbeitgeber wesentliche Einsparungen realisieren können, was auch Ihnen zugute kommen wird.

Was erwartet Sie im zweiten Vorstellungsgespräch?

Mit der Einladung zum zweiten Vorstellungsgespräch haben Sie eine weitere Hürde im Auswahlverfahren erfolgreich genommen. Jetzt kommt es darauf an, Ihre überzeugende Vorstellung aus dem ersten Gespräch zu untermauern und den Entscheidern auf der Firmenseite nochmals zu verdeutlichen, dass Sie genau der oder die Richtige für die zu vergebende Stelle sind.

Hintergrund

Sämtliche Bewerber, die zu einem zweiten Gespräch eingeladen werden, können davon ausgehen, dass die Firmenseite in Runde eins prinzipiell von ihrer fachlichen Kompetenz und ihrem persönlichen Auftritt überzeugt worden ist. In der zweiten Runde wird noch einmal an Punkten nachgehakt, die für die Firma besonders wichtig sind. Hinzu kommt, dass oft zusätzliche Gesprächspartner – beispielsweise künftige Fachvorgesetzte oder Geschäftsführer – neu dabei sind. Der Bewerber darf deshalb in seinen Anstrengungen nicht erlahmen, sondern muss mit seiner Überzeugungsarbeit noch einmal voll durchstarten.

Typische Fehler

Es kommt häufiger vor, dass gute Bewerber im zweiten Vorstellungsgespräch scheitern, weil sie nicht den unbedingten Willen erkennen lassen, ihre Kompetenz und ihre Erfahrungen voll in die neue Stelle einzubringen. Dies liegt in der Regel nicht an der tatsächlich fehlenden Leistungsmotivation, sondern vielmehr an einer ungeschickten Gesprächsstrategie. Auch wenn der Eindruck entsteht, dass Bewerber nur auf der Suche nach »irgendeiner« Stelle sind, fallen sie bei den Firmenvertretern durch. Problematisch ist es außerdem, wenn von den Bewerbern keinerlei Bezug auf die Inhalte aus dem ersten Vorstellungsgespräch genommen wird. Dann wirkt der Wunsch nach einer künftigen Mitarbeit schnell unreflektiert und bloß aufgesetzt.

Negativbeispiel

Eine typische Frage im zweiten Vorstellungsgespräch wäre: »Sind Sie nach wie vor der Meinung, die richtige Mitarbeiterin für uns zu sein?« Ungeeignet ist dann diese Erwiderung: »Ich hatte gehofft, dass wir das schon im ersten Gespräch geklärt hätten. Viel mehr als damals kann ich Ihnen jetzt auch nicht sagen, also ich bin mir nach wie vor sicher.«

Kommentar zum Negativbeispiel

Die Antwort der Bewerberin ist deutlich zu dünn – etwas mehr hätte die Bewerberin schon ausholen müssen. Für Personalverantwortliche wirkt es befremdlich, wenn Bewerber nach dem ersten Vorstellungsgespräch abschalten und nicht mehr in der Lage oder willens sind, ihre Einstellungsargumente zu wiederholen. Dies wirft ein schlechtes Licht auf das Kommunikationsverhalten im neuen Job, denn es wird auch im Berufsalltag immer wieder Situationen geben, in denen die Gesprächspartner erneut informiert und überzeugt werden wollen. Zudem sind im zweiten Gespräch häufig neue Vertreter der Firmenseite zugegen – und die kennen ihre Argumente aus dem ersten Gespräch schließlich noch nicht.

Antwort-Strategie

Nehmen Sie vor dem zweiten Vorstellungsgespräch noch einmal Ihren Lebenslauf und die Stellenausschreibung zur Hand. Reflektieren Sie dann das erste Gespräch (siehe Kapitel »Rückblende: Was hat Ihnen gefallen?«) und überlegen Sie sich, was für die Firma absolut wichtig ist. Diese Firmenwünsche und -vorgaben sollten Sie von sich aus im zweiten Vorstellungsgespräch ansprechen und anhand von Beispielen begründen, wie Sie diese Aufgaben erfüllen werden. Wenn Sie auf neue Gesprächspartner treffen, sollten Sie auf jeden Fall eine kurze Selbstpräsentation Ihres Werdeganges liefern (siehe Kapitel »Warum sollen wir gerade Sie einstellen?«, auf Seite 11). So geben Sie dem Gespräch Dynamik und liefern geeignete Ansatzpunkte für den weiteren Verlauf. Auch Randfragen wie Kündigungsfristen und Umzugspläne sollten Sie vor dem zweiten Gespräch klären, um zu zeigen, dass Sie den neuen Job auch wirklich wollen.

Positivbeispiel

Um auch im zweiten Vorstellungsgespräch zu punkten, sollte die Frage »Sind Sie nach wie vor der Meinung, die richtige Mitarbeiterin für uns zu sein?« beispielsweise so beantwortet werden: »Das letzte Gespräch ist sehr angenehm verlaufen. Ich bin in meinem Wunsch, für Sie als Reiseverkehrskauffrau tätig zu werden, bestätigt worden. In der Erstellung von Angeboten bin ich ebenso erfahren wie in der Bearbeitung und Kontrolle von Buchungen. Auch mit der Betreuung und Akquisition von Firmenkunden kenne ich mich sehr gut aus. Sie hatten ja auch im letzten Gespräch betont, dass es Ihnen wichtig ist, das Firmenkundengeschäft weiter auszubauen. Dabei bin ich Ihnen gerne behilflich und ich würde mich freuen, hier meine Erfahrungen einbringen zu können.«

Kommentar zum Positivbeispiel

Im zweiten Vorstellungsgespräch ist es wichtig herauszuarbeiten, dass die Entscheidung, zu einem neuen Arbeitgeber zu wechseln, bewusst getroffen worden ist. Der Bewerberin gelingt das mit dieser Antwort sehr gut. Sie verweist auf das erste Gespräch und arbeitet die Schnittmenge von bisherigen und zukünftigen Aufgaben heraus. Mit dem Verweis auf eine Information, die sie im ersten Gespräch erhalten hat, verdeutlicht sie die Ernsthaftigkeit ihrer Entscheidung, die intensive Auseinandersetzung mit der Stelle und den Nutzen, den die Firma von einer Einstellung hat. Die Bewerberin wird die neue Firma beim Ausbau des Firmenkundengeschäftes maßgeblich unterstützen können, also wird auch die Firma an ihrer Einstellung ein großes Interesse haben.

Das zweite Vorstellungsgespräch
Fragen

185. Wie haben Sie unser letztes Gespräch empfunden?

Ihre Antwort: ....

186. Gibt es etwas, dass wir über Sie noch nicht im ersten Gespräch erfahren haben, das wir aber auf jeden Fall wissen sollten?

Ihre Antwort: ....

187. Wie ist der Stand Ihrer Bewerbungsaktivitäten?

Ihre Antwort: ....

188. Beschreiben Sie doch bitte für unsere neuen Gesprächspartner noch einmal Ihre berufliche Entwicklung. Was daraus ist wichtig für die zu vergebende Stelle?

Ihre Antwort: ....

Das zweite Vorstellungsgespräch Antworten

Ungünstige Antwort auf Frage 185

Ich war doch sehr aufgeregt, ich weiß nicht, ob ich alles so rüberbringen konnte, wie ich das wollte. Waren Sie denn zufrieden mit mir?

Gelungene Antwort auf Frage 185

Ich habe unser letztes Gespräch als sehr konstruktiv empfunden. Dadurch bin ich in meinem Wunsch, bei Ihnen anzufangen, noch einmal bestätigt worden.

Ungünstige Antwort auf Frage 186

Ja, wir haben noch nicht über meine Freizeitinteressen geredet. Also ich habe mich sehr der guten Literatur und der ernsten Musik verschrieben. Meine Frau und ich besitzen ein Jahresabonnement der Staatsoper.

Gelungene Antwort auf Frage 186

Bei der Erläuterung meiner zukünftigen Aufgaben durch Sie sind mir viele Überschneidungen mit meinen bisherigen Aufgaben deutlich geworden. Ich möchte noch einmal darauf hinweisen, dass ich im Marketing bereits erfolgreich zielgruppenspezifische Direktmarketingaktionen durchgeführt habe. Die von mir initiierten Kampagnen liefen dabei über alle Medien. Mit der besonderen Situation im Mittelstand bin ich vertraut. Ich habe Marketingleistungen outgesourct, Kooperationen realisiert und externe Dienstleister gesteuert.

Ungünstige Antwort auf Frage 187

Ich hatte es mir einfacher vorgestellt. Es müsste doch genug Bedarf für meine Arbeitsleistung geben. Momentan läuft es aber recht zäh.

Gelungene Antwort auf Frage 187

Ich habe gezielt Bewerbungen verschickt. Dabei habe ich mich auf Stellen konzentriert, die sich weitgehend mit meinem Profil decken. Über die Einladung zu diesem Gespräch habe ich mich sehr gefreut, da ich mich in der ausgeschriebenen Stelle wiedergefunden habe.

Ungünstige Antwort auf Frage 188

Ja gerne, nach der Schule wusste ich noch nicht so recht, was ich machen sollte. Auf Anraten meiner Eltern habe ich dann erst einmal etwas Solides, nämlich eine Banklehre, absolviert. Dann ging ich zur Bundeswehr, was mir auch sehr gefallen hat. Im Anschluss daran nahm ich ein Studium der Betriebswirtschaft auf. Noch gut in Erinnerung sind mir meine Praktika, das waren doch prägende Erlebnisse. Ja, dann bin ich mit etwas Glück in die erste Stelle hineingerutscht, mein Professor hatte da einen guten Draht. Dank meiner Berufserfahrung hat mich dann ein Headhunter angesprochen und an meinen momentanen Arbeitgeber vermittelt. Jetzt läuft es aber nicht mehr so rund, deswegen möchte ich bei Ihnen im Personalbereich anfangen.

Gelungene Antwort auf Frage 188

Im Personalbereich habe ich mehrjährige Berufserfahrung in leitender Funktion. Selbstverständlich verfüge ich über ständig aktualisiertes Wissen in den Bereichen Arbeitsrecht, Sozialversicherung, Steuer- und Tarifwesen. Neben den gängigen Maßnahmen der Personalverwaltung habe ich auch das Personalmarketing und die Personalakquisition verantwortet. Für meinen letzten Arbeitgeber habe ich die Vertrags- und Tarifgestaltung unter leistungsbezogenen Aspekten umgesetzt und auch die Personalentwicklung betreut. Diese umfassenden Erfahrungen im Personalbereich möchte ich gerne für Sie einsetzen.

Das zweite Vorstellungsgespräch
Fragen

189. Was macht Sie so sicher, dass Sie auf die ausgeschriebene Stelle passen?

Ihre Antwort: ……………………………………………………………………………………

190. Sicherlich haben Sie unser letztes Gespräch gründlich auf sich einwirken lassen. Was hat Sie in Ihrer Meinung bestärkt, für uns arbeiten zu wollen, und was nicht?

Ihre Antwort: ……………………………………………………………………………………

191. Was sind Ihre Erwartungen an dieses zweite Vorstellungsgespräch?

Ihre Antwort: ……………………………………………………………………………………

192. Wenn Sie an unser letztes Gespräch denken: Nennen Sie mir drei Punkte, die aus Ihrer Sicht für Sie als Kandidaten sprechen.

Ihre Antwort: ……………………………………………………………………………………

Das zweite Vorstellungsgespräch
Antworten

Ungünstige Antwort auf Frage 189

Ich hatte ein ganz gutes Gefühl bei dem letzten Gespräch. Daher war ich eigentlich der Meinung, dass wir uns schon einig wären.

Gelungene Antwort auf Frage 189

Es sind hauptsächlich die vielen Überschneidungen meiner bisherigen Aufgaben mit den von Ihnen genannten. Als Exportsachbearbeiter habe ich die komplette Abwicklung von der Angebotserstellung bis zur Auslieferung betreut. In der Reklamationsbearbeitung habe ich sowohl die technische als auch die kaufmännische Klärung übernommen. Daneben habe ich an Auslandsprojekten in Osteuropa teilgenommen und die entsprechenden Vertretungsverträge vorbereitet. Ich habe mich ausführlich über Ihre Firma und die von Ihnen betreuten Märkte informiert, und auch das erste Gespräch mit Ihnen hat mich in der Meinung bestätigt, dass ich gut zu Ihnen passen würde.

Ungünstige Antwort auf Frage 190

Ja, ich würde gerne für Sie arbeiten. Manchmal habe ich mich etwas verunsichert gefühlt und wusste nicht genau, worauf Sie mit der Frage hinauswollten. Im Großen und Ganzen würde ich aber sagen, dass ich doch gut zu Ihnen passe.

Gelungene Antwort auf Frage 190

Eigentlich hat mich alles in dem Wunsch bestätigt, für Sie arbeiten zu wollen. Ihre ausführlichen Erläuterungen zur Stelle deckten sich voll und ganz mit der Stellenausschreibung und mit meinem Profil. Das Gespräch an sich habe ich als sehr angenehm und produktiv empfunden. Daher bin ich mir jetzt vollkommen sicher, dass ich die Stelle bei Ihnen gerne antreten würde.

Ungünstige Antwort auf Frage 191

Ich weiß nicht so recht, ich würde vor allem jetzt gerne den Arbeitsvertrag unterschreiben.

Gelungene Antwort auf Frage 191

Dass die Ergebnisse aus dem produktiven ersten Gespräch bestätigt werden. Daneben freue ich mich auf die Möglichkeit, meinen neuen Vorgesetzten kennen zu lernen. Vielleicht gibt es ja auch die Möglichkeit, einmal einen Blick in die neue Abteilung zu werfen.

Ungünstige Antwort auf Frage 192

Also erstens spricht für mich meine überdurchschnittliche Eigenmotivation, zweitens meine Teamfähigkeit und drittens meine kommunikative Art.

Gelungene Antwort auf Frage 192

Zum einen habe ich mich neben der Arbeit immer auch um meine Weiterbildung gekümmert. Das Wissen aus den Computerkursen konnte ich dann nutzen, um meinen Kollegen bei der Einführung einer neuen Software zu helfen. Zweitens hat mir bei meiner Tätigkeit in der Produktion auch immer geholfen, dass ich mich sehr gut mit anderen abstimmen kann. Bei Umrüstungen konnte ich meine Gruppe deshalb immer zu sehr kurzen Rüstzeiten führen. Drittens habe ich mich neben den Aufgaben in der Fertigung auch an Sonderaufgaben beteiligt. In einer Arbeitsgruppe zur Kostensenkung konnte ich zusammen mit Mitarbeitern aus der Entwicklung, dem Controlling und dem Einkauf Einsparungen erzielen.

Das zweite Vorstellungsgespräch
Fragen

193. Was meint Ihre Frau/Ihr Mann/Ihre Lebenspartnerin/Ihr Lebenspartner zu Ihrem Wunsch, künftig für uns zu arbeiten?

Ihre Antwort: ....

194. Wie steht Ihre Familie zu den Umzugsplänen, die mit einer Anstellung bei uns zwangsläufig verbunden sind?

Ihre Antwort: ....

195. Wenn Sie an Ihre aktuelle Stelle denken und an die neue Position: Wo mangelt es Ihnen an Erfahrung?

Ihre Antwort: ....

196. Ab welchem Zeitpunkt könnten Sie für uns anfangen zu arbeiten?

Ihre Antwort: ....

Das zweite Vorstellungsgespräch
Antworten

Ungünstige Antwort auf Frage 193

Das klärt bei uns jeder für sich.

Gelungene Antwort auf Frage 193

Ich habe mit meinem Mann über die neue Stelle gesprochen. Genau wie ich ist er der Meinung, dass die neue Stelle gut zu meinen bisherigen Erfahrungen passt. Er wäre genauso froh wie ich, wenn es mit der Anstellung klappt.

Ungünstige Antwort auf Frage 194

Man hat ja keine Wahl, heute muss man dorthin gehen, wo Arbeit ist.

Gelungene Antwort auf Frage 194

Meine Familie habe ich frühzeitig in meine Pläne einbezogen. Wir haben uns München schon angeschaut. Meiner Familie hat es genauso wie mir gut gefallen. Außerdem sind wir schon einmal in eine ganz neue Stadt umgezogen. Daher sind wir uns sicher, dass wir uns auch diesmal in einer neuen Umgebung gut zurechtfinden werden.

Ungünstige Antwort auf Frage 195

Na ja, ganz ehrlich gesagt müsste ich in einigen Punkten doch von Ihnen unterstützt werden. Aber das ist ja normal, dass man nicht von Anfang an alles beherrschen kann. Ich werde mich schon über kurz oder lang in die Aufgaben hineinfinden.

Gelungene Antwort auf Frage 195

Ich habe in allen für die neue Aufgabe wesentlichen Bereichen schon Erfahrungen gesammelt. Ich kann für Sie realisierbare Konzepte erstellen, die Zusammenarbeit mit den Entwicklungsteams gestalten und für einen optimalen Ressourceneinsatz sorgen. Da ich schon Erfahrungen mit Softwarelösungen für das Internet gesammelt habe, werde ich mich auch schnell in die Gestaltung von Internetportalen einfinden können. Direkt waren mir noch keine Mitarbeiter unterstellt, ich habe aber schon in Projekten bis zu acht Mitarbeiter gesteuert.

Ungünstige Antwort auf Frage 196

Ich müsste erst einmal kündigen. Dann, glaube ich, sind es drei Monate Kündigungsfrist zum Monatsende, oder so. Ich würde allerdings gerne auch noch einen Monat verreisen, damit meine Familie endlich einmal etwas von mir hat.

Gelungene Antwort auf Frage 196

Meine Kündigungsfrist beträgt drei Monate. Wenn Sie mich früher benötigen, würde ich meinen Arbeitgeber ansprechen und versuchen, eine Lösung zu finden, um früher aus dem Vertrag herauszukommen. Ich glaube nicht, dass mir da Steine in den Weg gelegt werden.

Das zweite Vorstellungsgespräch
Fragen

197. Welche kurz- und welche mittelfristigen beruflichen Ziele werden Sie bei uns verfolgen?

Ihre Antwort: ...

198. Welche drängenden Fragen haben Sie nach unserem letzten Gespräch heute an uns?

Ihre Antwort: ...

199. Wann werden Sie Ihren momentanen Arbeitgeber über Ihre Kündigungsabsichten informieren?

Ihre Antwort: ...

200. Sie und zwei weitere Kandidaten sind in der Endauswahl: Warum sollten wir uns gerade für Sie entscheiden?

Ihre Antwort: ...

Das zweite Vorstellungsgespräch Antworten

Ungünstige Antwort auf Frage 197

Na ja, erst einmal den Job bekommen, dann mich fest in den Sattel setzen und nach Möglichkeit aufsteigen oder zumindest mehr Gehalt erzielen.

Gelungene Antwort auf Frage 197

Kurzfristig möchte ich mich so gut einarbeiten, dass ich den Kollegen eine echte Hilfe bin. Mittelfristig wäre es für mich interessant, zusätzliche Aufgaben zu übernehmen. Wenn ich Sie durch gut gelöste Sonderaufgaben überzeugen kann, wäre ich auch gerne bereit, nach einiger Zeit mehr Verantwortung zu übernehmen.

Ungünstige Antwort auf Frage 198

Mich interessiert noch die Urlaubsregelung. Kann ich Urlaub mit ins nächste Jahr nehmen? Dann noch die Überstunden, werden die ausbezahlt oder sollen sie abgebummelt werden? Und die Lohnzusatzleistungen hatten Sie mir bisher auch noch nicht richtig erläutert.

Gelungene Antwort auf Frage 198

Mich würde interessieren, mit wem ich an den Schnittstellen zu anderen Bereichen zu tun habe. Gibt es einen regelmäßigen Austausch, oder werden für einzelne Aufgaben jeweils neue Projektgruppen zusammengestellt? Dann würde ich auch noch gerne mehr über die Zusammensetzung der Abteilung erfahren. Wer wird mit mir zusammenarbeiten, und welchen fachlichen Hintergrund haben die Kollegen?

Ungünstige Antwort auf Frage 199

Es ist schon länger klar, dass ich gehe. Daher brauche ich niemanden zu informieren.

Gelungene Antwort auf Frage 199

Ich werde ihn informieren, sobald Sie mir das Okay gegeben haben. Ich muss noch einige Aufgaben abschließen und Ergebnisse weiterleiten. Da noch ein Nachfolger für mich gefunden werden muss, möchte ich meinen Arbeitgeber gerne rechtzeitig über meinen Wechsel informieren.

Ungünstige Antwort auf Frage 200

Ich hatte gehofft, dass ich den Zuschlag bekomme. Für mich sollten Sie sich entscheiden, weil ich der Richtige bin und Sie die Entscheidung bestimmt nicht bereuen werden.

Gelungene Antwort auf Frage 200

Da kann ich natürlich nur für mich sprechen. Ich würde die Aufgaben gerne übernehmen, da ich über sehr viel Erfahrung in den künftigen Arbeitsbereichen verfüge. Als Teamassistentin im Verkauf habe ich die Aktualisierung von Katalogen und Werbeträgern übernommen. Ich habe die Kontakte zur Fachpresse aufgebaut und gepflegt. Und auf Messen habe ich die Produkte meines Unternehmens präsentiert. Mit Sonderevents habe ich den Bekanntheitsgrad unserer Produkte bei den entscheidenden Zielgruppen maßgeblich erhöht. Nicht zuletzt war ich auch an der Umsetzung von Media- und Marktforschungsdaten in Marketing- und Verkaufsaktionen beteiligt. Ich würde die von Ihnen ausgeschriebene Stelle gerne übernehmen, um diese Erfahrungen einzubringen.

Welche Fragen stellen Sie?

Im Vorstellungsgespräch werden Ihnen nicht nur Fragen gestellt – auch Ihre eigenen Fragen sind wichtig. Wir haben Sie bereits darauf hingewiesen, dass ein Vorstellungsgespräch erst dann erfolgreich läuft, wenn es nicht zum Frage-Antwort-Spiel verkommt, sondern sich zum echten Dialog entwickelt. Dazu gehört auch, dass Sie Fragen stellen dürfen. Mit den richtigen Fragen können Sie nochmals Ihr Interesse an der Stelle unterstreichen.

Ihre Fragen bitte

Überlegen Sie sich Ihre Fragen auf jeden Fall vor dem Gespräch, denn sonst kann es bedingt durch den Stress des Vorstellungsgespräches passieren, dass Ihnen plötzlich gar nicht mehr einfällt, was Sie eigentlich fragen wollten. Notieren Sie Ihre Fragen deshalb auf einem Blatt Papier, das Sie im Gespräch dabeihaben. Anregungen für Ihre Fragen finden Sie in der folgenden Übersicht.

- → **Wie groß ist das Team, mit dem ich arbeiten werde?**
- → **Wie sieht die Einarbeitung aus?**
- → **Wer ist mein direkter Vorgesetzter?**
- → **Gibt es einen Organisationsplan der Firma?**
- → **Kann ich meinen Arbeitsplatz sehen?**
- → **Wurde die Stelle neu geschaffen?**
- → **Wenn nicht: Wie lange hat mein Vorgänger in dieser Position gearbeitet?**
- → **Wie ist die Stelle in die Firmenorganisation eingebunden?**
- → **Mit welchen Abteilungen/Bereichen werde ich besonders eng zusammenarbeiten?**
- → **Welchen Abteilungen/Vorgesetzten gegenüber bin ich berichtspflichtig?**
- → **In welchen zeitlichen Anteilen stehen meine hauptsächlichen Aufgaben zueinander?**
- → **Welchen Anteil nimmt die Reisetätigkeit in der Stelle ein?**
- → **Werde ich auch im Ausland für das Unternehmen tätig sein?**
- → **Gibt es Weiterbildungsmöglichkeiten?**
- → **Gibt es Aufstiegsmöglichkeiten?**
- → **Wie viele Mitarbeiter werde ich führen?**
- → **Gibt es besondere Sozialleistungen?**
- → **Ist das Arbeiten in Gleitzeit möglich?**
- → **Werden Überstunden ausgeglichen?**
- → **Wie sieht die Urlaubsregelung aus?**
- → **Wie hoch ist das Gehalt und aus welchen Bestandteilen setzt es sich zusammen?**
- → **Gibt es außertarifliche Leistungen? Eine betriebliche Altersvorsorge/Lebensversicherung?**

Sie können Ihre Fragen stellen, wenn Sie merken, dass Sie sich in einer nicht so strukturierten Phase des Vorstellungsgesprächs befinden. Üblicherweise wird man Sie im letzten Drittel des Gespräches auch auffordern, eigene Fragen zu stellen. Achten Sie darauf, zunächst Fragen zu den neuen Aufgaben, zur Einarbeitung, zu den neuen Kollegen oder dem neuen Vorgesetzten zu stellen. Fragen zu den Urlaubstagen, zu Sozialleistungen, zur Gleitzeit oder zum Gehalt gehören an das Ende des Gesprächs (Fragen zum Gehalt finden Sie im Kapitel »Welche Gehaltsvorstellungen haben Sie?« auf Seite 121). So zeigen Sie, dass Sie nicht vornehmlich am Gehalt Interesse haben, sondern vor allem an der ausgeschriebenen Stelle.

MEHR AUF DER CD IN „IHRE BEWERBUNG", KAPITEL 14

Rückblende: Was hat Ihnen gefallen?

Wenn Sie im Auswahlverfahren so weit gekommen sind, dass Sie zwei (oder mehr) Vorstellungsgespräche mit den Vertretern der Firmenseite geführt haben, sind Sie fast am Ziel. Die Wahrscheinlichkeit, dass man Ihnen einen neuen Arbeitsvertrag anbietet, ist jetzt sehr hoch. Aufseiten der Firma werden die zwei bis drei Kandidaten, die es bis in die letzte Runde geschafft haben, noch einmal einem Vergleich unterzogen: Was spricht für eine Einstellung? Was spricht dagegen? Wo liegen Chancen? Welche Risiken sind zu bedenken?

Ziehen Sie eine Zwischenbilanz

Auch Sie sollten zu diesem Zeitpunkt – genauso wie die Firmenseite – eine kritische Zwischenbilanz ziehen. Schließlich geht es um eine wichtige Entscheidung, und die sollte nicht einfach »aus dem Bauch heraus« getroffen werden. Gehen Sie die bisherigen Gespräche in Gedanken noch einmal vom Anfang bis zum Ende durch. Überlegen Sie sich, was Sie überzeugt hat, mit welchen Bedingungen Sie leben können und in welchen Bereichen es Schwierigkeiten geben könnte. Vergleichen Sie die neue Stelle mit Ihrer momentanen und überlegen Sie, was sich verbessern, verschlechtern oder gleich bleiben würde. Die folgenden Fragen helfen Ihnen dabei, eine gründliche Zwischenbilanz zu ziehen und eine Entscheidung zu treffen:

- → **Entspricht die neue Stelle meinen Erwartungen?**
- → **Werde ich mit den Anforderungen der neuen Stelle zurechtkommen?**
- → **Wo sehe ich Schwierigkeiten?**
- → **Welche Erfahrungen kann ich einbringen?**
- → **In welchen Bereichen muss ich noch dazulernen?**
- → **Ist mein Arbeitsplatz/Büro ansprechend ausgestattet?**
- → **Komme ich mit dem neuen Chef klar?**
- → **Gibt es einen Ansprechpartner für die Einarbeitung?**
- → **Welchen Eindruck haben die Kollegen auf mich gemacht, die ich bisher kennen gelernt habe?**
- → **Ist die Stimmung in der Firma konstruktiv?**
- → **Gibt es Entwicklungsmöglichkeiten in der neuen Stelle?**
- → **Welchen Ruf hat die Firma in der Branche?**
- → **Wie sicher ist der neue Arbeitsplatz?**
- → **Stimmt die Bezahlung?**

Letztlich wird es die perfekte Stelle nur in Ausnahmefällen geben: Mit dem einen oder anderen Kompromiss werden Sie leben müssen. Dennoch sollten Sie sich nicht auf einen faulen Kompromiss einlassen, sodass Sie nach kurzer Zeit wieder vor den alten Problemen stehen. Wägen Sie Vor- und Nachteile also gründlich ab, um dann eine Entscheidung für oder gegen die neue Firma zu treffen.

MEHR AUF DER CD IN „IHRE BEWERBUNG“, KAPITEL 16

Ihre Selbstpräsentation als Mind-Map

In den vorherigen Kapiteln haben wir Ihnen gezeigt, wie Sie im Vorstellungsgespräch überzeugen. Kernstück Ihrer Überzeugungsarbeit ist Ihre Selbstpräsentation (siehe Kapitel »Warum sollten wir gerade Sie einstellen?«) Die für erfolgreiche Vorstellungsgespräche unverzichtbare Methode der Selbstpräsentation haben wir in unserer Coachingpraxis bereits Mitte der 90er Jahre entwickelt. Mittlerweile ist dieses Element Standard in Vorstellungsgesprächen: Personalverantwortliche und Personalberater, aber auch künftige Fachvorgesetzte oder Geschäftsführer erwarten von engagierten Bewerberinnen und Bewerbern geradezu eine passgenaue, stärkenorientierte und glaubwürdige Selbstpräsentation.

So erarbeiten Sie ein Mind-Map Ihrer Selbstpräsentation

In unserer Beratungspraxis erarbeiten wir mit Kunden häufig ein Mind-Map ihrer fachlichen und persönlichen Stärken. Die gesamte berufliche Entwicklung lässt sich üblicherweise problemlos auf einem DIN- A4-Blatt übersichtlich darstellen. Mind-Maps, die Haupt- und Unterstrukturen, kleine Zeichnungen und grafische Symbole enthalten, helfen definitiv dabei, Blackouts in Vorstellungsgesprächen zu vermeiden, die darin enthaltenen visuellen Elemente sind ein hervorragender Informationsanker.

Beispiel kaufmännische Angestellte

Die Selbstpräsentation einer kaufmännischen Angestellten – als Antwort auf die Frage »Warum sollten wir Sie einstellen?« – könnte wie folgt lauten.

»Für die von Ihnen ausgeschriebene Tätigkeit bringe ich umfangreiche Berufserfahrung in der Entwicklung und Umsetzung von Marketingstrategien, der Kundenbetreuung und der Erstellung von Präsentationen mit. Zurzeit arbeite ich als Marketingreferentin. Ich bin für die Kundenstammanalyse, die Zielgruppendefinition und das Benchmarking zuständig. Als Mitarbeiterin im Projekt Verkaufsförderung entwickele ich zusammen mit anderen Unternehmensbereichen Verkaufsförderungsmaßnahmen und Marketingstrategien, die ich auch in der Umsetzung begleite.

Auch im Bereich Öffentlichkeitsarbeit kann ich auf vielfältige Erfahrungen zurückgreifen. Für eine Online-Bank habe ich als Bankkauffrau PR-Konzepte konzipiert und umgesetzt. Dazu gehörte der Aufbau von Kontakten zu Medienvertretern und die Pflege des Verteilers.

Die gängige Bürosoftware MS-Office beherrsche ich sicher, und ich spreche sehr gut Englisch.

Grundlage meiner beruflichen Entwicklung ist meine Ausbildung zur Bankkaufrau. Meine umfangreichen Erfahrungen aus den Bereichen Vertrieb und Marketing möchte ich gerne bei Ihnen als kaufmännische Angestellte einsetzen.«

Vor dem Vorstellungsgespräch hatte die Bewerberin dieses Mind-Map als Basis ihrer Selbstpräsentation ausgearbeitet und auswendig gelernt.

Jetzt sind Sie dran

Arbeiten Sie Ihre Selbstpräsentation vor Gesprächen als Mind-Map aus, orientieren Sie sich dabei an unserem Beispiel. Nachdem Sie Ihr Mind-Map visualisiert haben, formulieren Sie Ihre Selbstpräsentation mehrere Male mündlich anhand der von Ihnen ausgewählten Stichworte. Sie werden feststellen, dass Sie die Visualisierung Ihrer individuellen Stärken schon nach kurzer Zeit verinnerlicht haben. Dieses neue Selbst-»Bewusstsein« wird Sie in Ihren Vorstellungsgesprächen deutlich unterstützen und Ihnen helfen, die richtigen und wichtigen Argumente auch im Gespräch zu bringen. Wenn Sie einmal »live« erleben möchten, wie eine gelungene Selbstpräsentation klingt und welche Chancen sich Bewerber mit einer misslungenen verbauen, können Sie sich auch auf unserer Homepage www.karriereakademie.de Teil 3 der kostenlosen Videoserie »Das Vorstellungsgespräch« anschauen, die wir für *Focus Online* konzipiert haben.

Tipps zum Erstellen eines Mind-Maps

Achten Sie beim Erstellen Ihres persönlichen Mind-Maps darauf, die beruflichen Stärken und Erfahrungen auszuwählen, die für das neue Unternehmen von besonderem Interesse sein könnten. Überlegen Sie sich für Ihr Mind-Map eine klare Grundstruktur, die aus vier bis sechs Oberpunkten bestehen sollte.
Zum Beispiel:

1. **Aktueller Arbeitgeber,**
2. **früherer Arbeitgeber,**
3. **Ausbildung,**
4. **Projektarbeit,**
5. **PC- und Fremdsprachenkenntnisse.**

Gestalten Sie auch mit grafischen Symbolen wie Pfeilen, Ausrufezeichen oder Smileys.

MEHR AUF DER CD IN „IHRE BEWERBUNG", KAPITEL 15

Schlusswort: Fit für das Vorstellungsgespräch

Unser umfassendes Trainingsprogramm für die erfolgreiche Bewältigung von Vorstellungsgesprächen liegt nun hinter Ihnen. Mit Ihrer Beantwortung der 200 Beispielfragen sind Sie für künftige Vorstellungsgespräche bestens gerüstet. Sie werden den Stresstest Vorstellungsgespräch meistern, sind durch den Trainingseffekt optimal vorbereitet und können Ihr individuelles berufliches Profil für die Entscheider auf der Firmenseite sichtbar machen.

Stressfaktor Vorstellungsgespräch

Wenn wir Kunden im Einzelcoaching auf Vorstellungsgespräche vorbereiten, sind wir immer wieder erstaunt darüber, wie viele wichtige Einstellungsargumente nicht genannt werden. Obwohl die Bewerberinnen und Bewerber sehr viel zu bieten haben, sind sie meist nicht in der Lage, ihre individuellen Stärken, ihre beruflichen Erfahrungen und ihre Kompetenz in ihre Antworten einfließen zu lassen. Je mehr die Bewerber dann spüren, dass ihre Antworten nicht überzeugen, umso mehr geraten sie unter Stress. So entsteht ein Teufelskreis, der am Ende für Enttäuschungen auf beiden Seiten sorgt.

Nutzen Sie den Trainingseffekt

Wenn Sie unsere Aufforderung ernst genommen haben und zu jeder Frage eine eigene, passgenaue Antwort ausformuliert haben, wird das Vorstellungsgespräch für Sie seinen Schrecken verlieren. Die durchgängig positiven Rückmeldungen, die wir von derart vorbereiteten Kunden bekommen, sprechen für sich. Nutzen auch Sie den gewünschten Trainingseffekt. Setzen Sie sich im Vorfeld eines Vorstellungsgespräches mit den Fragen auseinander, die Sie erwarten. Dann müssen Sie im Ernstfall nicht mühsam nach Worten ringen, sondern können sich mit überzeugenden Argumenten positiv in Szene setzen.

Machen Sie Ihr Profil sichtbar

Zeigen Sie den Entscheidern auf der Firmenseite, dass Sie sich mit den neuen Anforderungen, die bei der Bewerberauswahl gelten, auseinandergesetzt haben. Liefern Sie konkrete Beispiele für Ihre Leistungsfähigkeit, Ihre Veränderungsbereitschaft, Ihre Fähigkeit zur Selbstreflexion und Ihre gelebte Kundenorientierung. Überzeugen Sie mit Ihrem individuellen Profil: Präsentieren Sie sich als passgenauer Bewerber, der seine Stärken kennt und dabei glaubwürdig bleibt.

Wir wünschen Ihnen für Ihre Vorstellungsgespräche den verdienten Erfolg!

Christian Püttjer & Uwe Schnierda

MEHR AUF DER CD IN „IHRE BEWERBUNG“,
KAPITEL 17: INTERAKTIVES BEWERBUNGSTRAINING